安全自动化过程控制手册

主　编　邓　航　何　川
副主编　庞梦霞　窦婷婷　列政霖

石油工业出版社

内 容 提 要

本书是自动化过程控制系统和仪表自动化控制技术的一个概括性的总结，主要内容包括过程控制、自动控制系统、数学模型、自动控制系统设计、过程控制仪表、现代化工仪表自动化控制技术和安全仪表系统。

本书可供自动化控制相关工程技术人员阅读，也可供高等院校相关专业师生参考。

图书在版编目（CIP）数据

安全自动化过程控制手册／邓航，何川主编．—北京：石油工业出版社，2023.1
ISBN 978-7-5183-5879-3

Ⅰ．①安… Ⅱ．①邓… ②何… Ⅲ．①化工过程-生产过程控制-手册 Ⅳ．①TQ02-62

中国国家版本馆 CIP 数据核字（2023）第 027814 号

出版发行：石油工业出版社
　　　　　（北京安定门外安华里 2 区 1 号楼　　100011）
　　　　　网　　址：www.petropub.com
　　　　　编辑部：(010)64523825　图书营销中心：(010)64523633
经　　销：全国新华书店
印　　刷：北京中石油彩色印刷有限责任公司

2023 年 1 月第 1 版　　2023 年 1 月第 1 次印刷
787×1092 毫米　开本：1/16　印张：10.25
字数：240 千字

定价：80.00 元

《安全自动化过程控制手册》
编 写 组

主　　编：邓　航　何　川

副 主 编：庞梦霞　窦婷婷　列政霖

编写人员：陈　建　刘　琦　孟征祥　陈秀娟　王园园

盛羽静　苏金波　尹　航　王娇娇　赵丹丹

宋　彪　王凤琴　朱亚杰　赵清宇　赵中富

粟田芳　王　博　李　想　张天天　董　奇

王　洋　舟芬芳　王天奇　杜　乐　曹凯洋

侯成栋　杨语涵　叶春凤

审核专家：张玉福　吴建水　刘宝刚　孙金霞

前　　言

随着科学技术的不断进步，自动化控制技术正以令人瞩目的发展速度，改变着我国工业的整体面貌。同时，对社会的生产方式、人们的生活方式和思想观念也产生了重大影响，并在现代化建设中发挥着越来越重要的作用。随着与信息科学、计算机科学和能源科学等相关学科的交叉融合，它正在向智能化、网络化和集成化的方向发展。

自动化过程控制是一门涉及多学科的技术，包括测量仪表、执行器和过程控制系统等内容，包括微电子技术、计算机技术、通信技术和工业生产过程的工艺、设备、流程的基本知识。自动化技术的应用，使工业生产过程仪表化、操作自动化、管理科学化，真正实现生产过程安全、稳定、长期、满负荷和优化运行。

因此，自动化仪表和自动控制系统的知识已成为现代技术人员必备的知识。为适应现代科学技术的迅速发展，满足工程技术人员的需求，特编写本书。

本书由中安广源检测评价技术服务股份有限公司组织编写。邓航、何川担任主编，负责全书的组织和系统审定工作。庞梦霞、窦婷婷、列政霖担任副主编，负责全书的具体组织和审查工作。

本书共七章。第一章主要介绍生产过程对自动化控制系统的要求与安全自动化过程控制的发展及作用，由王园园等编写；第二章主要介绍自动控制系统，由王园园、盛羽静和王凤琴等编写；第三章主要介绍数学模型，由苏金波等编写；第四章概述了自动控制系统设计，由宋彪、刘琦等编写；第五章主要介绍过程控制仪表系统，由尹航等编写；第六章主要介绍现代化工仪表自动化控制技术，由王娇娇等编写；第七章主要介绍安全仪表系统，由赵丹丹等编写。

在本书的编写过程中，张玉福、吴建水、刘宝刚、孙金霞等专家审阅了全书，提出了许多宝贵的意见。在此向所有参与本书编写和审阅的专家表示真诚的谢意！

由于编者经验不足、水平有限，疏漏之处在所难免，恳请读者不吝赐教。

目　　录

第一章 过程控制

本章首先概述了过程控制，介绍了生产过程对自动化控制系统的要求，然后对安全自动化过程控制的发展及作用进行了分析与论述。

第一节 过程控制概述

过程控制的任务和要求由过程控制系统加以实现。过程控制系统作为工业自动化技术的重要组成部分，发展迅猛，并已广泛应用于石油、化工、电力、冶金、轻工、建材、制药以及智能科学与技术等许多国民经济的重要领域。

一、过程控制的基本概念

过程控制是生产过程自动化的简称，泛指石油、化工、电力、冶金、轻工、建材、核能等工业生产中连续的或按一定周期程序进行的生产过程自动控制，是自动化技术的重要组成部分。过程控制在为实现工业生产中各种最优经济指标、提高经济效益和社会效益、节约能源、改善劳动条件、保护生态环境等方面发挥着越来越大的作用。

过程控制是在自动控制理论的基础上发展起来的，内容涵盖了自动控制理论、工业过程对象特性及其建模、控制系统分析与设计、控制器参数整定、复杂控制系统设计及投运、先进控制算法与应用、计算机控制系统等方面，既包括过程控制理论，又包括工程实际应用。

过程控制是指根据工业生产过程的特点，采用测量仪表、执行机构和计算机等自动化工具，应用控制理论，设计工业生产过程控制系统，实现工业生产过程的自动化。过程控制是自动化技术的一个重要分支，与工业生产过程的联系十分密切。

二、过程控制的特点

过程控制通常是对生产过程中的温度、压力、流量、液位、成分和物性等工艺参数进行控制，使其保持为定值或按一定规律变化，以确保产品质量和生产安全，并使生产过程按最优化目标自动进行。过程控制的特点可归纳为如下几方面。

（1）系统由被控过程与自动化仪表组成。

在过程控制系统中，先由检测仪表将生产过程中的工艺参数转换为电信号或气压信号，并由显示仪表显示或记录，以便反映生产过程的状况。与此同时，还将检测的信号通过某种变换或运算传送给控制仪表，以便实现对生产过程的自动控制，使工艺参数符合预期要求。

（2）被控过程复杂多样，通用控制系统难以设计。

被控过程是指工艺参数需要实现控制的生产过程、设备或机器（装置）等。在工业生产中，由于生产的规模、工艺要求和产品的种类各不相同，因此被控过程的结构形式、动态特性也复杂多样。当生产过程在较大工艺设备中进行时，它们的动态特性通常具有惯性大、时延长、变量多等特点，而且还常常伴有非线性与时变特性。例如，热力传递过程中的锅炉、热交换器、核反应堆，金属冶炼过程中的电弧炉，机械加工过程中的热处理炉，石油化工过程中的精馏塔、化学反应器以及流体输送设备等，它们的内部结构与工作机理都比较复杂，其动态特性也各不相同，有时很难用机理解析的方法求得其精确的数学模型，所以要想设计出能适应各种过程的通用控制系统是比较困难的。

（3）控制方案丰富多彩，控制要求越来越高。

由于被控过程的复杂多样，控制方案越来越丰富多彩，对控制功能的要求也越来越高。许多生产过程，既存在单输入单输出的自治过程，也有多输入多输出的相互耦合过程；在控制方案上，既有常规的比例、积分、微分控制（PID），也有先进的过程控制，如自适应控制、预测控制、推理控制、补偿控制、非线性控制、智能控制、分布参数控制等。

（4）控制过程大多属于慢变过程与参量控制。

由于被控过程大多具有大惯性、大时延（滞后）等特点，因而决定了控制过程是一个慢变过程。此外，在诸如石油、化工、冶金、电力、轻工、建材、制药等生产过程中，常常用一些物理量（如温度、压力、流量、物位、成分等）来表征生产过程是否正常、产品质量是否合格，对这些物理量的控制多半属于参量控制。

（5）定值控制是过程控制的主要形式。

在目前大多数过程控制中，其设定值恒定不变或在很小范围内变化，控制的主要目的是尽可能减小或消除外界干扰对被控参数的影响，使生产过程稳定，以确保产品的产量和质量。因此，定值控制是过程控制的主要形式。

由于过程的特性不同，其输入量与输出量可能不止一个，控制系统的设计在于适应这些不同的特点，以确定控制方案和控制器的设计或选型，以及控制器特性参数的计算与设定，这些都要以过程的特性为依据，而过程的特性复杂且难以充分认识，要完全通过理论计算进行系统设计与整定至今仍不可能。目前已设计出各式各样的控制系统，如简单的位式控制系统、单回路及多回路控制系统、前馈系统、计算机控制系统等，都是通过必要的理论计算，采用现场调整的方法，才能达到过程控制的目的。

三、过程控制的任务

过程控制的任务指在了解、掌握工艺流程和被控过程的静态与动态特性的基础上，应用控制理论分析和设计符合上述三项要求的过程控制系统，并采用适宜的技术手段（如自动化仪表和计算机）加以实现。因此，过程控制是集控制理论、工艺知识、自动化仪表与计算机等为一体的综合性应用技术。过程控制的任务是由过程控制系统的工程设计与工程实现来完成的。

四、过程控制的主要内容

过程控制系统设计是过程控制的主要内容。现以加热炉过程控制系统的设计为例，对其设计步骤简述如下。

1. 确定控制目标

图1-1-1所示的加热炉存在如下几个不同的控制目标：

（1）在安全运行的条件下，保证热油出口温度稳定。

（2）在安全运行的条件下，保证热油出口温度和烟道气含氧量稳定。

（3）在安全运行的条件下，既要保证热油出口的温度稳定，还要使加热炉热效率最高。

显然，为实现上述不同的控制目标应采用不同的控制方案，这是需要首先确定的。

2. 选择被控参数

被控参数亦称被控量或系统的输出。无论采用什么控制方案，均需要通过某些参数的检测来控制或监视生产过程。在该加热炉的加热过程

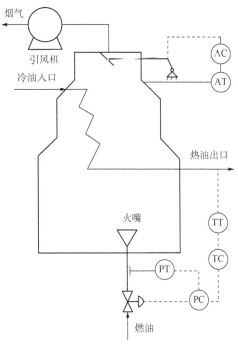

图1-1-1 加热炉过程控制系统流程图
AT—烟气含氧量变送器；AC—烟气含氧量控制器；
TT—温度变送器；TC—温度控制器；
PT—压力变送器；PC—压力控制器

中，当热油出口温度、烟道气含氧量、燃油压力等参数能够被检测时，均可以选作被控参数。若有些参数因某种原因不能被直接测量时，可利用参数估计的方法得到，也可通过测量与其有定函数关系的另一参数（称为间接参数）经计算得到；有些参数还必须通过其他几种参数综合计算得到，如加热炉的热效率就是通过测量烟气温度、烟气中的含氧量和一氧化碳含量并进行综合计算得到的。在过程控制中，被控参数的选择是体现控制目标的前提条件。

3. 选择控制量

控制量亦称控制介质。一般情况下，控制量是由生产工艺规定的，一个被控过程通常存在一个或多个可供选择的控制量。究竟用哪个控制量去控制哪个被控量，这是需要认真考虑的。在上述加热炉过程控制中，是以燃油的流量作为控制量控制热油的出口温度，还是以冷油的入口流量控制热油的出口温度，需要认真加以选择；是用烟道挡板的开度为控制量控制烟气中的含氧量，还是用炉膛入口处送风挡板的开度控制烟气中的含氧量，也同样需要认真选择，它的确定决定了被控过程的性质。

4. 确定控制方案

控制方案与控制目标有着密切的关系。在加热炉过程控制中，如果只要求实现第一个控制目标，则只要采用简单控制方案即可满足要求；但当燃油的压力变化既频繁、剧烈，

又要确保热油出口温度有较高的控制精度时，则要采用较为复杂的控制方案；如要实现第二个控制目标，则在对热油出口温度控制的基础上，还要再增设一个烟气含氧量成分控制系统，方可完成控制任务；如果一方面要求热油出口温度有较高的控制精度，另一方面又要求有较高的热效率，此时若仍采用两个简单控制系统的控制方案已不能满足要求，因为此时的加热过程已变成多输入多输出的耦合过程，要实现对该过程的控制目标，必须采用多变量解耦控制方案；对第三个控制目标，除了要对温度和含氧量分别采用定值控制方案外，还要随时调整含氧量的设定值以保证加热炉热效率最高。为达此目的，则必须建立燃烧过程的数学模型，采用最优控制，结果使控制方案变得更加复杂。

总而言之，控制方案的确定，随着控制目标和控制精度要求的不同而有所不同，它是控制系统设计的核心内容之一。

5. 选择控制策略

被控过程决定控制策略。对比较简单的被控过程，大多数情况下，只需选择常规 PID 控制策略即可达到控制目的；对比较复杂的被控过程，则需要采用高级过程控制策略，如模糊控制、推理控制、预测控制、解耦控制、自适应控制策略等。这些控制策略(亦称控制算法)涉及许多复杂的计算，所以只能借助于计算机才能实现。控制策略的合理选择也是系统设计的核心内容之一。

6. 选择执行器

在确定了控制方案和控制策略之后，就要选择执行器。目前可供选择的商品化执行器有气动和电动两种，尤以气动执行器的应用最为广泛。这里关键的问题也是容易被忽视的问题是，如何根据控制量的工艺条件和对流量特性的要求选择合适的执行器。若执行器选得不合适，会导致执行器的特性与过程特性不匹配，进而使设计的控制系统难以达到预期的控制目标，有的甚至使系统无法运行。因此，应该引起足够的重视。

7. 设计报警和联锁保护系统

报警系统的作用在于及时提醒操作人员密切注视生产中的关键参数，以便采取措施预防事故的发生。对于关键参数，应根据工艺要求设定其高、低限值。联锁保护系统的作用是当生产出现事故时，为确保人身与设备的安全，迅速使被控过程按预先设计好的程序进行操作，以便使其停止运转或转入"保守"运行状态。例如，当加热炉在运行过程中出现事故而必须紧急停车时，联锁保护系统必须先停燃油泵后关燃油阀，再停引风机，最后切断热油阀。只有按照这样的联锁保护程序，才会避免事故的进一步扩大。否则，若先关热油阀，则可能烧坏油管；若先停引风机，则会使炉内积累大量燃油气，从而导致再次点火时出现爆炸事故，损坏炉体。因此，正确设计报警系统和联锁保护程序是保证生产安全的重要措施。

8. 系统的工程设计

过程控制系统的工程设计是指用图样资料和文件资料表达控制系统的设计思想和实现过程，并能按图样进行施工。设计文件和图样一方面应提供给上级主管部门，以便对该建设项目进行审批，另一方面则作为施工建设单位进行施工安装的主要依据。

9. 系统投运、调试和整定调节器的参数

在完成工程设计、控制系统安装之前,应按照控制方案的要求检查和调试各种控制仪表和设备的运行状况,然后进行系统安装与调试,最后进行调节器的参数整定,使控制系统在最优(或次优)状态运行。

以上所述为过程控制系统设计的主要步骤。但是,对于一个从事过程控制的工程技术人员,除了要熟悉上述控制系统设计的主要步骤外,还要尽可能熟悉生产过程的工艺流程,以便从控制的角度掌握它的静态和动态特性。

第二节　过程控制系统的分类

过程控制系统已广泛应用于众多行业和领域,过程控制系统的形式种类较多,按照不同的分类标准,过程控制系统有如下几种不同的分类方法。

一、按系统的结构特点划分

1. 反馈控制系统

反馈控制系统在过程控制中应用最为普遍,是过程控制系统中最基本的结构形式,其框图如图 1-2-1 所示。反馈控制是按照被控参数与给定值的偏差进行调节,偏差值是其控制的依据,最终的控制目的是减小或消除偏差。反馈是控制的核心,只有通过反馈才能实现对被控参数的闭环控制。

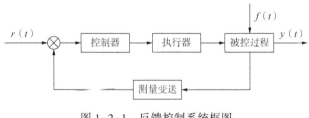

图 1-2-1　反馈控制系统框图

$f(t)$—扰动量;$r(t)$—被控参数;$y(t)$—给定值

2. 前馈控制系统

在前馈控制系统中,扰动量的大小是控制的依据。前馈控制属于开环控制系统,在实际生产中不能单独采用。前馈控制系统框图如图 1-2-2 所示。

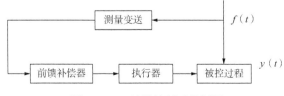

图 1-2-2　前馈控制系统框图

3. 前馈—反馈复合控制系统

前馈—反馈复合控制系统是将前馈控制与反馈控制结合在一起的复合控制系统，其框图如图 1-2-3 所示。前馈—反馈复合控制系统集中了前馈和反馈的各自优势，既综合了前馈控制对扰动及时进行补偿的优点，又保持了反馈控制能克服多种扰动的优点。前馈—反馈复合控制系统能够显著提高控制品质。

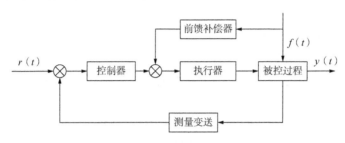

图 1-2-3　前馈—反馈复合控制系统框图

二、按给定值的不同形式划分

1. 定值控制系统

定值控制系统是将系统被控变量的设定值保持在某一恒定值或者只允许在某一很小范围内变动的控制系统。定值控制是应用最多的一种控制形式。在定值控制中，因为控制输入，即设定值是恒定不变的，系统中引起被控参数变化的因素就只有扰动量。生产车间用空调调节室内温度是一个常见的例子，控制要求是利用空调将室内温度稳定在一个定值上（或其附近），而室内与室外的热交换、室内热负荷的改变等因素都是影响生产车间温度的扰动量。

2. 随动控制系统

在某些生产过程中，被控参数的给定值随时间变化，也就是说，设定值并不是恒定不变的。随动控制系统就是要克服一切扰动，使被控参数准确、及时地跟随给定值的变化而变化。例如，在锅炉炉膛中或燃料与空气的比例控制系统中，当燃料供应量一定时，输送的空气不能过多或过少。若通入空气过少，会造成燃料燃烧不充分；而供应空气过多，则燃料燃烧所产生的部分热量将随过量空气流失。因此，助燃空气的输送量随着燃料流量的变化而变化。

3. 程序控制系统

程序控制系统被控变量的设定值按预定的时间程序变化，控制的目的是使被控参数按设定的程序自动变化。这种类型在间歇生产过程中比较常见，如石化行业中的带搅拌的釜式反应器的间歇反应过程，工序包括下料、加热升温、冷却控制、保温、出料及反应釜清洗阶段，反应釜内温度的给定值并不是恒定不变的，而且按照工艺的要求随时间的变化而改变。设定值按程序自动改变，系统按设定程序自动运行，直到整个程序运行完毕。

第三节　生产过程对自动化控制系统的要求

由于控制目的及应用场合不同，对自动控制系统的要求也不尽相同。自动控制技术是研究各种控制系统共同规律的一门技术，故对自动控制系统有一些基本要求，一般可归纳为以下几方面。

一、系统的稳定性

稳定性是保证控制系统正常工作的先决条件之一，是动态过程中的振荡倾向和系统能够恢复平衡状态的能力。一个稳定的系统在偏离平衡状态后，其输出信号应该随着时间而收敛，最后回到初始的平衡状态。当系统被施加一个新的给定值或受到扰动后，如果经过一段时间的动态过程，在反馈的作用下，通过系统内部的自动调节，被控量随时间收敛并最终恢复至原来的平衡状态或达到一个新的平衡状态，则该系统是稳定的。如果被控量随时间发散，从而失去平衡，则系统是不稳定的。

显然，不稳定的系统是无法工作的，因此，对任何自动控制系统，首要的条件便是系统能稳定正常运行。另外，对于系统稳定性的要求要达到一定的稳定裕量，以免由于系统参数随环境等因素的变化而导致系统进入不稳定状态。

二、系统反应的快速性

快速性是通过动态过程时间长短来表征的。过渡过程时间越短，表明快速性越好，反之亦然。快速性表明了系统输出对输入响应的快慢程度。系统响应越快，说明系统的输出复现输入信号的能力越强。

三、系统输出的准确性

理想情况下，当过渡过程结束后，被控量达到的稳态值（即平衡状态）应与期望值一致。但实际上，由于系统结构、外作用形式以及摩擦、间隙等非线性因素的影响，被控量的稳态值与期望值之间会有误差，用稳态误差来表示。

在参考输入信号作用下，当系统达到稳态后，其稳态输出与参考输入所要求的期望输出之差称为给定稳态误差。显然，这种误差越小，表示系统输出跟随参考输入的精度越高。它反映了系统的稳态精度。若系统的最终误差为零，则称为无差系统，否则称为有差系统。

然而，上述这些指标要求在同一个系统中往往是相互矛盾的。这就需要根据具体对象所提出的要求，对其中的某些指标有所侧重，同时又要注意统筹兼顾。

四、系统的安全性

安全性是指在整个生产过程中，要确保人身和设备的安全，这是最重要也是最基本的要求。为达此目的，通常采用参数越限报警、联锁保护等措施加以实现。随着工业生产过程的连续化和大型化，上述措施已不能满足要求，还必须设计在线故障诊断系统和容错控制系统等来进一步提高生产运行的安全性。

五、系统实现的经济性

系统实现的经济性是指要求生产成本低而效率高，这也是现代工业生产所追求的目标。如果自动化过程设计的经济性不能实现，那么再优化的自动化设计方案无法应用于实际，也不能实现生产过程的自动化控制。

随着生产过程自动化要求的不断提高、过程控制规模的不断扩大和复杂程度的不断增加，自动化控制的品种与规格、功能与质量也在不断完善，生产过程对控制系统的要求也会发生一定的变化。但不管自动化控制技术如何发展，其特点都是为实现过程控制系统的不同构成和相应的功能，它们都是工业上生产的系列化技术。

第四节　安全自动化过程控制的发展

随着科学技术的进步，尤其是微电子、计算机技术、人工智能以及通信技术的飞速发展，自 20 世纪 40 年代后期开始，以生产过程自动化为主要特征，采用电子控制的自动化机器和生产线，使工业领域发生了彻底的改变。安全自动化过程控制对新时代生活和生产有着不同寻常的作用和意义。

一、自动控制理论的发展

控制论的奠基人是美国科学家维纳。事实上，控制论的形成和发展始于技术，是控制工程的技术总结。最早从解决生产实际问题开始，然后提炼上升到理论。反过来，控制理论对生产力的发展、尖端技术的研究与尖端武器的研制以及对社会管理系统等都产生了重大影响，并迅速渗透到许多科学技术领域，派生出许多新型的边缘学科，其中包括生物控制论、经济控制论和社会控制论等。

自动控制就是在没有人直接参与的情况下，通过控制器使被控对象或被控过程能自动地按照预定的规律运行。例如，导弹能够准确地命中目标，人造卫星能够按预定的轨道运行并返回地面，宇宙飞船能够在月球着陆然后返回地球，电网电压和频率自动地维持不变。以上这些实际系统都是自动控制技术高速发展的结果。

自动控制技术在各个领域的广泛应用，不仅使生产设备和过程实现了自动化，极大地提高了劳动生产效率和产品质量，改善了劳动条件，而且在人类征服自然、探索新能源、发展空间技术等方面都起着极其重要的作用。

纵观自动控制理论的发展过程，一般可将其划分为经典控制理论和现代控制理论两大部分。经典控制理论主要以传递函数为基础，研究单输入单输出控制系统的分析和设计问题。这些理论由于发展较早现已日臻成熟。在工程上，也比较成功地解决了电气传动控制系统的实际问题。现代控制理论主要以状态空间法为基础，研究多输入多输出、变参数、非线性、高精度、快响应等控制系统的分析和设计问题。例如，最优控制、最佳滤波、系统辨识、自适应控制、鲁棒控制(Robust Control)等理论都是这一领域研究的主要课题。特别是近年来由于计算机技术和现代应用数学研究的迅速发展,使现代控制理论又在研究非线性系统理论、离散事件系统理论、大系统和复杂系统理论以及模仿人类智能活动的智能控制(如模糊控制、专家控制和人工神经网络控制)等方面都得到了很大的发展。

总之,自动控制理论正在迅速地向更深层次发展,无论在数学工具、理论基础,还是在研究方法上,都是日新月异,而且它反过来又成为高新技术发展的重要理论依据。但是,自动控制理论在各门学科中的充分应用还远远没有实现,因此,它在应用科学领域将会受到越来越多的重视。

二、自动化过程控制与安全仪表的发展

随着社会的发展和以人为本理念的深入,安全对于人员、设施和环境来说越发重要。随着经济的发展、工业生产规模的扩大,工艺技术和生产设备逐渐复杂,生产过程所面临的风险也随之增大。因此,生产过程中工业控制和风险问题就备受重视。

1. 安全仪表系统的发展

在以石油/天然气开采运输、石油化工、发电、化工等为代表的过程工业领域,紧急停车系统、燃烧器管理系统、火灾和气体安全系统、高完整性压力保护系统等以安全保护和抑制减轻灾害为目的的安全仪表系统,已广泛应用于不同的工艺或设备防护场合,保护人员、生产设备及环境。随着自控技术和工业安全理念的发展,安全仪表系统已从传统的过程控制概念脱颖而出,并与基本过程控制系统并驾齐驱,成为自控领域的一个重要分支。

IEC 61508《电气/电子/可编程电子安全系统的功能安全》和IEC 61511《过程工业安全仪表系统的功能安全》的发布,对安全控制系统在过程工业领域的应用具有划时代的意义。首先,将仪表系统的各种特定应用,都统一到安全仪表系统的概念下;其次,提出了以安全仪表功能为指针,基于绩效的可靠性评估标准;再者,以安全生命周期的架构规定了各阶段的技术活动和功能安全管理活动。这样,安全仪表系统的应用形成了一套完整的体系,包括设计理念和设计方法,仪表设备选型准入原则,系统硬件配置和软件组态编程规则,系统集成、安装和调试、运行和维护,以及功能安全评估与审计等。

安全仪表系统指能实现一个或多个安全功能的系统,是一种可编程控制系统,它对生产装置或设备可能发生的危险采取紧急措施,并对继续恶化的状态及时响应,使其进入一个预定义的安全停车工况,从而使危险和损失降到最低程度,保证生产、设备、环境和人员安全。

安全仪表系统通常应用于石油、化工等过程工业领域,但作为一种高度可靠的安全保护设施,它在其他行业也有较多应用,包括核电、航空、舰船及高速铁路等系统。

2. 安全自动化过程控制的进阶发展

安全自动化过程控制有机地结合过程控制系统和安全仪表系统,在实现生产过程自动运行的同时,也保证了设备、人员及环境持续稳定地处于安全状态。安全自动化过程控制系统的重点:一是研究安全功能降低风险;二是在降低风险的情况下实现自动过程控制。

在 IEC 61508 标准中，安全功能指为了应对特定的危险事件(如灾难性的可燃性气体释放)，由电气、电子、可编程电子安全相关系统，其他技术安全相关系统，或外部风险降低措施实施的功能，期望达到或保持被控设备(Equipment Under Control，EUC)处于安全状态。上述定义表明：其一，安全功能的执行，并不局限于电气或电子安全仪表系统，还包括其他技术(如气动、液动、机械等技术)及外部风险降低措施(如储罐的外部防护堤堰)。因此，研究安全功能要综合考虑各种技术或措施的共同影响。其二，安全功能是着眼于应对特定的危险事件，也就是说，安全功能有其针对性。

通常用风险的概念来评估危险事件。风险定义为危险事件发生的后果和发生可能性(或概率)的乘积。通过分析风险的大小，依据最低合理可行原理，即按合理的、可操作的、最低限度的风险接受原则，确定可接受的风险水平和风险降低措施。

可以看出，安全功能的作用就是将危险事件发生的风险降低到可接受的程度，从而保证被控设备处于安全状态。因此，要设计合理有效的安全功能，必须对被控对象进行危险辨识、危险分析及风险分析。另外，不同的风险降低要求，对包括安全仪表系统在内的各种安全措施的技术形式、数量及力度要求，也应该是不同的。要实现必要的风险降低，则取决于安全仪表系统实现执行安全功能时的绩效或可能达到的功能安全水平。

在结合过程控制系统和安全仪表系统的技术基础上，充分考虑安全因素，以实现安全自动运行系统为目标的安全自动化过程控制也随着计算机技术的发展不断发展和升级，尤其在复杂生产环境、危险环境或人们无法操作的工况下，安全自动化过程控制显得十分重要。在庞大而复杂的生产过程中，需要加以控制的物理量很多，而且这些物理量变化快，非人工操作所能胜任，如石油、化工、冶金生产的某些环节是在密闭的罐、炉中进行的，生产环境或高温或有毒，若不采用自动控制，生产将根本无法进行。

在工业生产中，对工艺过程中的一些物理量(即工艺变量)有一定的控制要求。如系统中的某一参数发生变化，超出安全范围，则系统需要充分考虑各参数的变化及影响，并及时采取相关联锁保护措施。例如，在精馏塔的操作中，当塔中压力维持恒定时，只有保持精馏段或提馏段温度一定，才能得到合格的产品。有些工艺变量虽不直接影响产品的质量和数量，然而，保持其平稳却是使生产获得良好控制的前提。如果系统的压力超过限定值，则可能发生安全事故，那么整个系统可能处于危险状态，所以安全自动化过程控制随着生产工艺要求的不断变化，也在不断地提高和发展。

随着现代自动化技术的发展，安全自动化过程控制也不再是单一的学科和技术，而是在结合了自动控制系统和安全仪表系统研究成果的基础上，融合了计算机技术、自动控制技术、仪器仪表技术和安全工程技术的综合技术。安全自动化过程控制在不断的发展过程中必将在各国的工业生产、交通、军事等方面发挥举足轻重的作用。

第五节　安全自动化过程控制的应用与作用

安全自动化过程控制将安全自动化和过程控制有机结合，使其不仅在生产中实现生产装置自动化运行，而且结合运行过程中的各参数变化，监控其数值对设备、周边人员及环境的影响在安全范围内，在保证生产自动化运行的同时，避免或减少了安全事故的发生，降低了工作人员的工作强度，一定程度上减少了企业运作的经济成本，提高了企业的市场竞争力，促进了自动化应用在各行业良好和快速地发展。

一、安全自动化过程控制的应用

安全自动化过程控制广泛应用于工业、农业、交通、国防、商业、医疗、航空航天等领域，下面列举几种常见的自动化应用类型。

1. 工业安全自动化过程控制

安全自动化过程控制在工业方面的应用，大多出现在工厂生产中。工厂自动化主要包括生产设备、生产线、生产过程、管理过程等的自动化，例如数控机床、数控加工中心、工业机器人、自动传送线、无人运输车、自动化仓库等都是自动化设备，这些设备及计算机监控中心可以构成进行产品加工装配的自动化生产线或自动化无人工厂。管理过程自动化一般包含一个网络化的计算机信息管理系统，通过该系统实现全厂乃至整个企业集团生产、信息采集与处理、财务、人事、技术与设备等的自动化管理。

生产自动化与管理自动化是整个工业生产系统不可分割、密切相关的两个方面，二者的有机结合或一体化通常称为管控一体化或综合自动化，体现了现代化工业生产的发展趋势，可以实现从需求分析、产品预订、产品设计、产品生产到产品销售、用户信息反馈及售后服务全方位的高水平自动化，从而最迅速地对市场做出反应，最大限度地满足客户需求，提高生产效率，确保产品质量，减少原材料和能源等各种消耗。

2. 农业安全自动化过程控制

农业自动化指在农业生产和管理中大量应用自动化技术和现代信息技术，是农业现代化的重要标志之一。总体上讲，实现农业自动化需要利用多种先进的监测手段，获取田间肥力、墒情、苗情、杂草、病虫害等信息，而各种农业自动化系统则根据这些信息自动进行精确或精准的耕作、播种、施肥、灌溉、除草、喷洒农药、收割等作业，从而达到省力、高效、安全、节省资源和保护生态的目的。这实际上就是目前正在推广和发展的"精准农业"的核心内容。

农作物田间管理的自动化要根据土壤土质、环境状况和农作物的生长特点，利用专家经验和人工智能技术，通过计算机分析给出最佳管理方案，例如选择最适宜种植的作物品种，决定最佳施肥时间和施肥量，预报病虫害的发生时期和程度并适时进行防治等。在这个过程中，卫星遥感遥测技术和针对各种作业的自动控制技术发挥着重要作用。

利用温室进行蔬菜花果的生产可以不受季节和气候变化的影响，并可采用无土栽培和立体化栽培的方式进行大规模的工厂化生产。温室的控制和管理是农业自动化发展较快的领域，这类自动化系统一般由各种传感器、计算机和相应的控制系统组成，能自动调节光、水、肥、温度、湿度和二氧化碳浓度，促进植物的光合作用和各种生理活动，为植物创造最佳的生长环境，提高农作物的产量和质量，并可以几乎不受病虫害的影响，是生态农业的重要内容之一。

禽畜饲养的自动化系统能自动选择满足禽畜营养要求和成本最低的配方，自动对禽畜实行定时、定量喂料，这样不仅可实现对饲养过程和饲养环境的优化管理和自动控制，还可实现全自动化的产品加工。例如，养鸡场利用计算机控制系统根据饲料配方和饲料要求，在喂食、喂水、照明、温度、通风、取蛋、清粪等环节进行自动控制，可节省大量的人力，并为保障鸡群健康和提高产蛋率提供了有力的保障。又如，很多现代化的奶牛养殖场在奶牛喂养、挤奶、牛奶加工及灌装生产过程等都全面实现了自动化。

3. 交通安全自动化过程控制

交通自动化是在水、陆、空各个运输领域综合运用计算机、通信、检测、自动控制等先进技术，以实现对交通运输系统的自动化管理和控制。交通自动化追求的目标是安全、快捷、舒适、准点和经济，主要涉及交通状况的监控与管理、交通信息的提供与服务、运输系统的最优化运行与控制等。

城市交通的管理与控制是交通自动化的重要内容，其发展目标早已超越了一般意义上的自动化，是要在网络化和自动化的基础上实现智能化。它不仅是交通指挥中心的管控平台，也是为交通指挥系统服务的统一信息平台，可实现信息交换与共享、快速反应决策与统一调度指挥，还可通过对采集到的大量交通数据进行分析、加工处理，实施交通控制、管理、决策和指挥。

以交叉路口的交通信号灯为例，传统的控制方式是简单地按事先设定好的时间进行切换，与路口的实际情况常常不吻合。更为智能化的控制方式是在路口埋设车辆检测器或安装摄像头等，这样就使交通管理系统有了"眼睛"，再通过其"大脑"计算机系统进行综合分析后，可以随时根据路口情况，对红绿灯进行自动优化配时，从而显著地提升道路通行能力。

智能化的交通信号控制系统并不是独立控制各个路口，而是将一定范围内的所有交通信号集中联网，采用车辆检测装置和高清视频多模式图像检测技术等多种手段，实时采集精确的交通流信息和车辆通过路口的行为记录，跟随流量变化自动优化路口信号配时，实现交通高峰、平峰和低峰的点、线、面协调优化控制，最大限度地提高道路通行效率。

根据目前的发展动态，智能交通自动化系统除了对交通信号进行实时优化控制外，另一项重要任务是对采集到的交通流量、流速和占有率等多种海量的路面信息进行自动分析，精准预测未来交通状况，及时发布交通预警预报信息，有效引导公众选择最佳行驶路线，从而最大限度地避免和缓解交通拥堵。

智能化的交通自动化系统是高科技前端采集技术与后端智能化分析决策软件的整合系统，具有很好的兼容性和扩展性，不仅能够从点到线、从点到面地进行区域联网，覆盖整个城市，还可以扩展到城市以外更广泛的区域。

依托全球卫星定位系统、地理信息系统及路况监测系统，无论是驾乘人员还是交通管理人员，都可以随时确定车辆的准确位置，并根据交通自动化系统提供的道路状况和最佳行驶路线的建议进行路线规划。这类技术对于运营车辆的调度管理尤为方便和有效，因此在出租车、公交车等公共交通工具中已有很多应用。例如，在部分城市中，90%以上的出租车安装了这类智能调度管理系统，构成了"车联网"，营运效率大幅度提高。在私家车等独立运行车辆中，由于这类技术具有明显的优越性，因此其应用也愈加常见。

4. 军事安全自动化过程控制

军事自动化主要指信息技术与自动化技术在军事和国防上的综合运用。现代战争已从传统的机械化战争发展成为信息化和自动化战争，信息技术与自动化技术的飞速发展及其在军事上的推广应用已从根本上改变了现代国防的基本架构与现代战争的进行方式。一旦开战，胜负不再仅仅取决于飞机、大炮和坦克等武器数量的多少，而更主要地取决于信息化和自动化水平的高低。谁能更快、更准确地获取信息，在最短的时间里完成分析和决策，并以最快的方式实施尽可能精确的打击，谁就掌握了战争的主动权。

军事自动化的核心是武器装备的自动化和军事指挥的自动化。因此，各种自动化武器装备与指挥自动化系统的有机结合将有效提高国家的整体军事实力和作战水平。

5. 商业安全自动化过程控制

商业自动化指在商品的采购批发、运输储存、经营销售及售后服务整个流通过程中采用先进的计算机、通信、自动控制等现代信息技术，提高经营效率，降低经营成本，并使经营管理合理化、制度化、标准化和现代化。商业自动化主要包括基于条形码技术的商品识别自动化、基于电子数据交换标准的数据流通标准化，以及商品销售自动化、商品选配与流通自动化、商品防盗自动化等。

商品识别一般采用条形码技术，商品条形码相当于商品的身份证号码，在世界范围内具有唯一性。它经过条形码阅读器扫描后就解码为数字信号并输入计算机系统，可作为商品从制造、批发、销售整个流通过程的自动化管理符号。

商品销售自动化主要包括销售点信息管理系统、基于该系统的商场计算机管理信息系统、自动售货机、无人销售商店、网上购物、电子商务等。销售点信息管理系统是由条形码阅读器、收银机和计算机组成的网络系统，在销售的同时自动将每种商品的销售情报传送给计算机，作为商店管理和决策的依据。

网上购物和电子商务是近年来发展迅速的一种商业形式，可以在全球范围内通过计算机和互联网完成商品的交易、结算和支付等商务活动。数据流通标准化是按照规定的数据交换协议，通过计算机及网络传送商业信息，进行数据交换和数据自动处理。电子数据交换标准的应用可以大幅提高信息交流的效率，节省大量的文书工作，实现"无纸化贸易"和"无纸化管理"。

商品选配与流通自动化包括商品进货、库存、配送等内容。进货是通过现代化的通信网络进行商品采购与订货；库存与配送管理采用计算机控制的自动化系统，不仅能记忆商品的存放位置、数量、保质期等信息，还能提供现有库存信息的查询、提示缺货、进货等信息，在需要时能迅速找到并自动取出，而且在商品进出库时利用自动装卸、自动检货、货箱自动分类、进出货自动登录及传输等设备完成货物的流通和配送，某些地区的配送服务也可以通过机器人自动完成。

6. 办公安全自动化过程控制

办公自动化目前并没有统一的定义，主要指利用计算机、扫描仪、复印机、传真机、电话机、网络设备、配套软件等各种现代化办公设备和先进的通信技术，高效率地从事办公业务，广泛、全面、迅速地收集、整理、加工、存储和使用各种信息，为科学管理和决策服务。

办公自动化通常分为三个层次：最低层次是普通办公事务的处理，称为事务级办公自动化，例如文字处理、电子排版、电子表格处理、文件收发登录、电子文档管理、办公日程管理、人事管理、财务统计、报表处理等；中间层次是在事务级办公自动化的基础上，利用数据库技术进行信息管理，称为信息管理级办公自动化，例如政府机关对各种政务信息的管理，企业对经营计划、市场动态、供销业务、库存统计等信息的管理；最高层次是建立在信息管理级办公自动化基础上的决策支持型办公自动化，即利用数据库提供的信息，由计算机执行决策程序，进行综合分析、做出相应的决策。办公自动化正朝着计算机网络化和智能化方向发展。

7. 楼宇安全自动化过程控制

楼宇自动化系统是智能建筑的重要组成部分，其主要任务是对建筑物中所有能源、机电、消防、安全保护设施等实行高度自动化和智能化的统一管理，以创造出一个温度、湿度、亮度适宜，空气清新，节能高效，舒适安全和方便快捷的工作或生活环境。

楼宇自动化系统包含很多子系统，通常有空调与通风监控系统、给排水监控系统、照明监控系统、电力供应监控系统、电梯运行监控系统、综合防盗保安系统、消防监控系统、停车场监控系统等，能够自动调节室温、湿度、灯光、供水压力、电源电压、空气质量等，自动控制防火、防盗及门禁系统等设备。

楼宇自动化系统的所有子系统都是可以独立运行和实施控制的自动化系统，但为了高效地进行管理，又将它们和一个计算机监控中心连接起来，可以对各个子系统的运行情况进行集中监测和统一管理。这样在控制功能上是分散的，可以规避风险，防止"一损俱损"，而在管理功能上则是集中的，以实现方便高效和统一协调。这就是集散控制方式，属于计算机管理与控制相结合的网络化系统。集散控制在工业、农业、交通等诸多领域都有应用。

8. 家庭安全自动化过程控制

家庭自动化主要指家庭生活服务或家庭信息服务的自动化。例如，空调可以让人们在家里享受"四季如春"；洗衣机能够免除人们洗衣服的辛劳；防盗保安系统可以自动探测到陌生人的闯入并报警，让人们"高枕无忧"；自动抄表系统将水、电、气的信息自动传送给相关的公司；计算机网络使人们足不出户就可以获取信息、收发邮件、预订机票和酒店、完成购物等。

随着网络技术在家庭中的普及和网络家电/信息家电的成熟，更高层次的家庭自动化是利用中央微处理机及网络统一管理和控制所有家用电子设备和电器产品，既可以在家里通过键盘、触摸式屏幕、按钮等设备将指令发送至中央微处理机，也可以在外面通过电话、手机或互联网实现与中央微处理机的信号交互，发出指令，获取工作状态的信息，接收提示或报警等。

二、安全自动化过程控制的作用

安全自动化过程控制技术是面向全球竞争的技术，同时是驾驭生产过程的系统工程，是市场竞争核心时间、质量和成本三要素的统一；安全自动化过程控制技术是面向工业应用的技术，可以提高制造业的综合经济效益和社会效益。安全自动化过程控制的作用体现在以下四方面：

（1）安全自动化过程控制可以提高生产过程的安全性。

自动化产品一般具有自动监视、报警、自动诊断、自动保护等功能。在工作过程中，遇到过载、过压、过流、短路等电力故障时，能自动采取保护措施，避免和减少人身与设备事故，显著提高设备的使用安全性。

（2）安全自动化过程控制可以提高生产效率。

由于生产过程实现了自动化，相比于人工作业，减少了错误率，增加了作业时间，只要程序设计准确、合理，自动化设备可以一直连续不停地运行，生产效率大大提高。例如，数控机床对工件的加工稳定性大大提高了生产效率，比普通机床提高 2~6 倍。柔性制造系统的生产设备利用率可提高 1.2~3.2 倍，机床数量可减少约 20%，节省操作人员约 20%，缩短生产周期 40%，使加工成本降低 20%左右。

（3）安全自动化过程控制可以提高产品的质量。

自动化产品大都具有信息自动处理和自动控制功能，其控制和检测的灵敏度、精度及范围都有很大程度的提高，通过自动化控制系统可精确地保证机械的执行机构按照设计的要求完成预定的动作，使之不受机械操作者主观因素的影响，从而实现最佳操作，保证最佳的工作质量和较高的产品合格率，同时，由于自动化产品实现了工作自动化，因此生产力大大提高。

（4）安全自动化过程控制可以减少生产过程的原材料和能源损耗。

安全自动化过程控制生产采用标准生产，降低了不合格产品数量，提高了产品的质量，从而减少了生产产品所需的原材料。安全自动化过程控制生产由于采用电子元器件，减少了机械产品中的可动构件和磨损部件，从而使其具有较高的灵敏度和可靠性，故障率降低，寿命延长，减少了能源损耗。此外，还减少了废弃物的产生，有利于国家节能减排目标的实现。

第二章 自动控制系统

本章首先介绍了自动控制系统的一般概念，然后分析了自动控制系统基本控制方式，结合行业发展形势对生产过程自动控制发展概况进行论述，对生产过程自动控制的特点进行分析，最后针对其数学模型进行概述和分析。

第一节 自动控制系统基本控制方式

自动控制系统的形式多种多样，其控制系统的控制方式略有差异，本节从反馈控制方式、开环控制方式和复合控制方式进行分析论述。

一、自动控制系统概念

自动控制指在没有人直接操作的情况下，通过控制器使一个装置或过程(统称为控制对象)自动地按照给定的规律运行，使被控物理量或保持恒定或按一定的规律变化，其本质在于无人干预。系统指按照某些规律结合在一起的物体(元部件)的组合，它们互相作用、互相依存，并能完成一定的任务。为实现某一控制目标所需要的所有物理部件的有机组合体称为自动控制系统。

自动控制系统是用一些自动控制装置，对生产中某些关键性参数进行自动控制，使它们在受到外界干扰(扰动)的影响而偏离正常状态时，能够被自动地调节而回到工艺所要求的数值范围内。生产过程中各种工艺条件不可能是一成不变的。特别是工业生产中的化工生产，大多数是连续性生产，各设备相互关联，当其中某一设备的工艺条件发生变化时，可能引起其他设备中某些参数或多或少地波动，偏离了正常的工艺条件。当然，自动调节不需要人的直接参与。

二、自动控制科学

自动控制科学是研究自动控制共同规律的技术科学。它的诞生与发展源于自动控制技术的应用。

最早的自动控制技术的应用，可以追溯到公元前我国的自动计时器和漏壶指南车，而自动控制技术的广泛应用则始于欧洲工业革命时期。英国人瓦特在发明蒸汽机的同时，应用反馈原理，于1788年发明了离心式调速器。当负载或蒸汽供给量发生变化时，离心式调速器能够自动调节进汽阀门的开度，从而控制蒸汽机的转速。1868年，以离心式调速器为背景，物理学家麦克斯韦研究了反馈系统的稳定性问题，发表了《论调速器》论文。随后，源于物理学和数学的自动控制原理开始逐步形成。1892 年，俄国学者李雅普诺夫发表了《论运动稳定性的一般问题》的博士论文，提出了李雅普诺夫稳定性理论。20 世纪 10 年代，PID 控制器出现，并获得广泛应用。1927 年，为了使广泛应用的电子管在其性能发生较大变化的情况下仍能正常工作，反馈放大器正式诞生，从而确立了反馈在自动控制技术中的核心地位，并且有关系统稳定性和性能品质分析的大量研究成果也应运而生。

20 世纪 40 年代，是系统和控制思想空前活跃的年代，1945 年贝塔朗菲发表了《关于一般系统论》，1948 年维纳发表了著名的《控制论》，至此形成了完整的控制理论体系——以传递函数为基础的经典控制理论，主要研究单输入单输出、线性定常系统的分析和设计问题。

20 世纪 50—60 年代，人类开始征服太空，1957 年，苏联成功发射了第一颗人造地球卫星，1968 年美国阿波罗飞船成功登上月球。在这些举世瞩目的成就中，自动控制技术起着不可磨灭的作用，也因此催生了 20 世纪 60 年代第二代控制理论——现代控制理论的问世，其中包括以状态为基础的状态空间法、贝尔曼的动态规划法、庞特里亚金的极小值原理及卡尔曼滤波器。

现代控制理论主要研究具有高性能、高精度和多耦合回路的多变量系统的分析和设计问题。

从 20 世纪 70 年代开始，随着计算机技术的不断发展，出现了许多以计算机控制为代表的自动化技术，如可编程逻辑控制器和工业机器人，自动化技术发生了根本性的变化，其相应的自动控制科学研究也出现了许多分支，如自适应控制、混杂控制、模糊控制及神经网络控制等。此外，控制论的概念、原理和方法还被用来处理社会、经济、人口和环境等复杂系统的分析与控制，形成了经济控制论和人口控制论等学科分支。目前，控制理论还在继续发展，正朝向以控制论、信息论和仿生学为基础的智能控制理论深入。

纵观百余年自动控制科学与技术的发展，反馈控制理论与技术占据了极其重要的地位。

三、反馈控制原理

为了实现各种复杂的控制任务，首先要将被控对象和控制装置按照一定的方式连接起来，组成一个有机总体，这就是自动控制系统。在自动控制系统中，被控对象的输出量（即被控量）是要严格控制的物理量，它可以要求保持为某恒定值（如温度、压力、液位等），也可以要求按照某个给定规律运行（如飞行航迹、记录曲线等）；而控制装置则是对被控对象施加控制作用的机构的总体，它可以采用不同的原理和方式对被控对象进行控制，但最基本的一种是基于反馈控制原理组成的反馈控制系统。

在反馈控制系统中，控制装置对被控对象施加的控制作用，是取自被控量的反馈信息，用来不断修正被控量与输入量之间的偏差，从而实现对被控对象的控制，这就是反馈控制的原理。

其实，人的一切活动都体现出反馈控制的原理，人本身就是一个具有高度复杂控制能力的反馈控制系统。例如，人用手拿取桌上的书，汽车司机操纵方向盘驾驶汽车沿公路平稳行驶等，这些日常生活中习以为常的平凡动作都渗透着反馈控制的深奥原理。下面通过解剖手从桌上取书的动作过程，透视一下它所包含的反馈控制机理。在这里，书的位置是手运动的指令信息，一般称为输入信号。取书时，首先人要用眼睛连续目测手相对于书的位置，并将这个信息送入大脑(称为位置反馈信息)；然后由大脑判断手与书之间的距离，产生偏差信号，并根据其大小发出控制手臂移动的命令(称为控制作用或操纵量)，逐渐使手与书之间的距离(即偏差)减小。显然，只要这个偏差存在，上述过程就要反复进行，直到偏差减小为零，手便取到了书。可以看出，大脑控制手取书的过程，是一个利用偏差(手与书之间距离)产生控制作用并不断使偏差减小直至消除的运动过程；同时，为了取得偏差信号，必须要有手位置的反馈信息，两者结合起来，就构成了反馈控制。显然，反馈控制实质上是一个根据偏差信号的反馈进行控制的过程，因此，它也称为按偏差的控制，反馈控制原理就是按偏差控制的原理。

人取物视为一个反馈控制系统时，手是被控对象，手的位置是被控量(即系统的输出量)，产生控制作用的机构是眼睛、大脑和手臂，统称为控制装置。通常，把取出输出量送回到输入端，并与输入信号相比较产生偏差信号的过程，称为反馈。若反馈的信号与输入信号相抵消，使产生的偏差越来越小，则称为负反馈；反之，则称为正反馈。反馈控制就是采用负反馈并利用偏差进行控制的过程，而且由于引入了被控量的反馈信息，整个控制过程成为闭合过程，因此反馈控制也称为闭环控制。

在工程实践中，为了实现对被控对象的反馈控制，系统中必须配置具有人的眼睛、大脑和手臂功能的设备，以便用来对被控量进行连续地测量、反馈和比较，并按偏差进行控制。这些设备依其功能分别称为测量元件、比较元件和执行元件，并统称为控制装置。

四、反馈控制系统的基本组成

反馈控制系统是由各种结构不同的元部件组成的。从完成自动控制这一职能来看，一个系统必然包含被控对象和控制装置两大部分，而控制装置是由具有一定职能的各种基本元件组成的。在不同系统中，结构完全不同的元部件可以具有相同的职能，因此，组成系统的元部件按职能可以分为测量元件、给定元件、比较元件、放大元件、执行元件和校正元件。

1. 测量元件

其职能是检测被控制的物理量，如果这个物理量是非电量，一般要再转换为电量。例如，测速发电机用于检测电动机轴的速度并转换为电压；电位器、旋转变压器或自整角机用于检测角度并转换为电压；热电偶用于检测温度并转换为电压等。

2. 给定元件

其职能是给出与期望的被控量相对应的系统输入量。

3. 比较元件

其职能是把测量元件检测的被控量实际值与给定元件给出的输入量进行比较，求出它

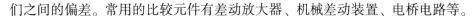

们之间的偏差。常用的比较元件有差动放大器、机械差动装置、电桥电路等。

4. 放大元件

其职能是将比较元件给出的偏差信号进行放大，推动执行元件去控制被控对象。电压偏差信号可用集成电路、晶闸管等组成的电压放大级和功率放大级加以放大。

5. 执行元件

其职能是直接推动被控对象，使其被控量发生变化。用来作为执行元件的有阀、电动机、液压马达等。

6. 校正元件

校正元件也称为补偿元件，它是结构或参数便于调整的元部件，用串联或反馈的方式连接在系统中，以改善系统的性能。最简单的校正元件是由电阻、电容组成的无源或有源网络，复杂的则用电子计算机。

一般加到反馈控制系统上的外作用有有用输入和扰动两种类型。有用输入决定系统被控量的变化规律，如输入量；而扰动是系统不希望有的外作用，它破坏有用输入对系统的控制。在实际系统中，扰动总是不可避免的，而且它可以作用于系统中的任何元部件上，也可能一个系统同时受到几种扰动作用。电源电压的波动，环境温度、压力及负载的变化，飞行中气流的冲击，航海中的波浪等，都是现实中存在的扰动。

五、自动控制系统控制方式

自动控制系统最基本的控制方式是反馈控制，反馈控制也是应用最广泛的一种控制方式。除此之外，还有开环控制方式和复合控制方式，它们都有其各自的特点和不同的适用场合。几十年来，以现代数学为基础，引入计算机的新的控制方式也有了很大发展，如最优控制、自适应控制、模糊控制等。

1. 反馈控制方式

反馈控制方式是按偏差进行控制的，其特点是不论什么原因使被控量偏离期望值而出现偏差时，必定会产生一个相应的控制作用降低或消除这个偏差，使被控量与期望值趋于一致。可以说，按反馈控制方式组成的反馈控制系统，具有抑制任何内、外扰动对被控量产生影响的能力，有较高的控制精度。但这种系统使用的元件多，结构复杂，特别是系统的性能分析和设计也较麻烦。尽管如此，它仍是一种重要的并被广泛应用的控制方式，自动控制理论主要的研究对象就是用这种控制方式组成的系统。

2. 开环控制方式

开环控制方式指控制装置与被控对象之间只有顺向作用而没有反向联系的控制过程，按这种方式组成的系统称为开环控制系统，其特点是系统的输出量不会对系统的控制作用发生影响。开环控制系统可以按给定量控制方式组成，也可以按扰动控制方式组成。

按给定量控制的开环控制系统，其控制作用直接由系统的输入量产生，给定一个输入量，就有一个输出量与之相对应，控制精度完全取决于所用的元件及校准的精度。开环控制方式没有自动修正偏差的能力，抗扰动性较差。但由于其结构简单、调整方便、成本低，在精度要求不高或扰动影响较小的情况下，这种控制方式还有一定的实用价值。目前，用于国民经济各部门的一些自动化装置，如自动售货机、自动洗衣机、产品自动生产线、数控车床以及指挥交通的红绿灯的转换等，一般都是开环控制系统。

按扰动控制的开环控制系统利用可测量的扰动量产生一种补偿作用，以降低或抵消扰动对输出量的影响，这种控制方式也称顺馈控制。例如，在一般的直流速度控制系统中，转速常常随负载的增加而下降，且其转速的下降是由于电枢回路的电压降引起的。如果设法将负载引起的电流变化测量出来，并按其大小产生一个附加的控制作用，用以补偿由它引起的转速下降，这样就可以构成按扰动控制的开环控制系统，如图 2-1-1 所示。由此可见，这种按扰动控制的开环控制方式是直接从扰动取得信息，并据以改变被控量，因此，其抗扰动性好，控制精度也较高，但它只适用于扰动可测量的场合。

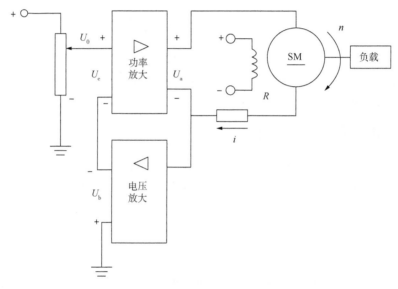

图 2-1-1　按扰动控制的速度控制系统原理图

U_0—给定电压；U_a—控制电压；U_b—负反馈电压；U_c—偏差电压；

SM—主电动机；R—电阻；i—电流；n—速度给定值

3. 复合控制方式

按扰动控制方式在技术上较按偏差控制方式简单，但它只适用于扰动可测量的场合，而且一个补偿装置只能补偿一种扰动因素，对其余扰动均不起补偿作用。因此，比较合理的一种控制方式是把按偏差控制与按扰动控制结合起来，对于主要扰动采用适当的补偿装置实现按扰动控制，同时，再组成反馈控制系统实现按偏差控制，以消除其余扰动产生的偏差。系统的主要扰动已被补偿，反馈控制系统就比较容易设计，控制效果也会更好。这种按偏差控制和按扰动控制相结合的控制方式称为复合控制方式。同时按偏差和按扰动控制电动机速度的复合控制系统原理如图 2-1-2 和图 2-1-3 所示。

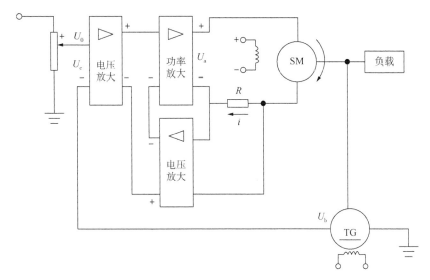

图 2-1-2 电动机速度复合控制系统原理图

U_0—给定电压；U_a—控制电压；U_b—负反馈电压；U_c—偏差电压；

SM—主电动机；R—电阻；i—电流；TG—测速发电机

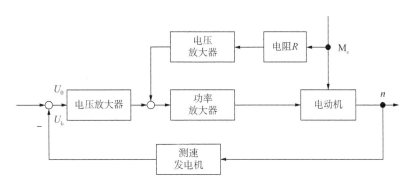

图 2-1-3 电动机速度复合控制系统框图

U_0—给定电压；U_b—反馈电压；M_c—电动机控制器；n—速度给定值

六、自动控制系统示例

1. 函数记录仪

函数记录仪是一种通用的自动记录仪，它可以在直角坐标上自动描绘两个电量的函数关系。同时，记录仪还带有走纸机构，用以描绘一个电量对时间的函数关系。

函数记录仪通常由衰减器、测量元件、放大元件、伺服电动机测速机组、齿轮系及绳轮等组成，采用负反馈控制原理工作。系统的输入是待记录电压，被控对象是记录笔，其位移即为被控量。系统的任务是控制记录笔位移，在记录纸上描绘出待记录的电压曲线。

2. 飞机自动驾驶仪系统

飞机自动驾驶仪是一种能保持或改变飞机飞行状态的自动装置。它可以稳定飞行的姿态、高度和航迹；可以操纵飞机爬高、下滑和转弯。飞机与自动驾驶仪组成的自动控制系统称为飞机自动驾驶仪系统。

如同飞行员操纵飞机一样，自动驾驶仪控制飞机飞行是通过控制飞机的三个操纵面（升降舵、方向舵、副翼）的偏转，改变舵面的空气动力特性，以形成围绕飞机质心的旋转转矩，从而改变飞机的飞行姿态和轨迹。现以比例式自动驾驶仪稳定飞机俯仰角为例，说明其工作原理。

垂直陀螺仪作为测量元件用以测量飞机的俯仰角，当飞机以给定俯仰角水平飞行时，陀螺仪电位器没有电压输出；如果飞机受到扰动，使俯仰角向下偏离期望值，陀螺仪电位器输出与俯仰角偏差成正比的信号，经放大器放大后驱动舵机，一方面推动升降舵面向上偏转，产生使飞机抬头的转矩，以减小俯仰角偏差；同时，还带动反馈电位器滑臂，输出与舵偏角成正比的电压并反馈到输入端。随着俯仰角偏差的减小，陀螺仪电位器输出信号越来越小，舵偏角也随之减小，直到俯仰角回到期望值，这时舵面也恢复到原来状态。

此系统中，飞机是被控对象，俯仰角是被控量，放大器、舵机、垂直陀螺仪、反馈电位器等是控制装置，即自动驾驶仪。输入量是给定的常值俯仰角，控制系统的任务就是在任何扰动（如阵风或气流冲击）作用下，使飞机始终以给定俯仰角飞行。

3. 电阻炉微型计算机温度控制系统

用于工业生产中炉温控制的微型计算机控制系统，具有精度高、功能强、经济性好、无噪声、显示醒目、读数直观、打印存档方便、操作简单、灵活性和适应性好等一系列优点。用微型计算机控制系统代替模拟式控制系统是今后工业过程控制的发展方向。以某工厂电阻炉微型计算机温度控制系统为例对该系统进行说明。电阻丝通过晶闸管主电路加热，炉温期望值用计算机键盘预先设置，炉温实际值由热电偶检测，并转换成电压，经放大、滤波后，由变换器将模拟量变换为数字量送入计算机，在计算机中与所设置的温度期望值比较后产生偏差信号，计算机便根据预定的控制算法（即控制规律）计算出相应的控制量，再经另一变换器变换成电流，通过触发器控制晶闸管导通角，从而改变电阻丝中电流，达到控制炉温的目的。该系统既有精确的温度控制功能，还有实时屏幕显示和打印功能，以及超温、极值和电阻丝、热电偶损坏报警等功能。

4. 锅炉液位控制系统

锅炉是电厂和化工厂常见的生产蒸汽的设备。为了保证锅炉正常运行，需要维持锅炉液位为正常标准值。锅炉液位过低，易烧干锅而发生严重事故；锅炉液位过高，则易使蒸汽带水并有溢出危险。因此，必须通过调节器严格控制锅炉液位，以保证锅炉正常安全地运行。

当蒸汽的耗汽量与锅炉进水量相等时，液位为正常标准值。当锅炉的给水量不变，而蒸汽负荷突然增加或减少时，液位就会下降或上升；或者，当蒸汽负荷不变，而给水管道水压发生变化时，引起锅炉液位发生变化。不论出现哪种情况，只要实际液位高度与正常给定液位之间出现了偏差，调节器均应立即进行控制，去开大或关小给水阀，使液位恢复到给定值。

该锅炉液位控制系统中，锅炉为被控对象，其输出为被控参数液位，作用于锅炉上的扰动是给水压力变化或蒸汽负荷变化等产生的内外扰动；测量变送器为差压变送器，用来测量锅炉液位，并转变为一定的信号输至调节器；调节器是锅炉液位控制系统中的控制器，有电动、气动等形式，在调节器内将测量液位与给定液位进行比较，得出偏差值，然后根据偏差情况按一定的控制规律发出相应的输出信号推动调节阀动作；调节阀在控制系统中起执行元件作用，根据控制信号对锅炉的进水量进行调节，阀门的运动取决于阀门的特性，有的阀门与输入信号成正比变化，有的阀门与输入信号呈某种曲线关系变化。大多数调节阀为气动薄膜调节阀，若采用电动调节器，则调节器与气动调节阀之间应有电气转换器。气动调节阀分为气开阀与气关阀。气开阀指当调节器输出增加时，阀门开大；气关阀指当调节器输出增加时，阀门反而关小。为了安全生产，蒸汽锅炉的给水调节阀一般采用气关阀，一旦出现断气现象，阀门保持打开位置，以保证汽鼓不被烧干损坏。

5. 胰岛素注射控制系统

控制系统在生物医学领域已获得广泛应用，其中药物自动注射系统能对血压、血糖、心率等进行自动调节。为了调节糖尿病人的血糖浓度，采用了控制血糖的胰岛素注射控制系统。例如，开环血糖控制系统根据糖尿病人当前一段时间的情况，利用可编程胰岛素注射器向糖尿病人注射剂量适中的胰岛素，使病人的血糖浓度逼近健康人士的血糖浓度；闭环血糖控制系统采用血糖测量传感器，将人体实际血糖浓度测量值与预期血糖浓度进行比较，并在必要时调整电动机泵的阀门，以调节胰岛素的注射速度。

6. 磁盘驱动读取系统

磁盘驱动器广泛用于各类计算机中，是控制工程的一个重要应用实例。磁盘驱动器读取装置的目标是将磁头准确定位，以便正确读取磁盘上磁道的信息，因此需要精确控制的变量是安装在滑动簧片上的磁头位置。磁盘旋转速度为 $1800 \sim 7200 \mathrm{r/min}$，磁头位置精度要求为 $1\mu\mathrm{m}$，且磁头由一个磁道移动到另一磁道的时间小于 $50\mathrm{ms}$。

七、自动控制系统的分类

随着科学技术的发展，自动控制系统的应用已经渗透到各个领域，而且形式多种多样，性能与结构各不相同，因此可以从不同角度对其进行划分。

1. 按系统的数学描述分类

1）线性系统

当系统中各元件的输入、输出特性是线性特性，系统的状态和性能以线性微分方程或差分方程来描述时，这种系统称为线性系统。线性系统的主要特性是满足叠加原理和其次性原理，系统的时间响应特性与初始状态无关。

根据线性系统方程的系数是否是时间的函数，也可将线性系统分为线性时变系统和线性定常系统。若线性微分方程的系数中有时间函数项，则称为线性时变系统；如果线性微分方程的各项系数均为与时间无关的常数，则为线性定常系统。

2）非线性系统

当系统中至少有一个元件的输入—输出关系是非线性时，则系统的微分方程只能由非线性方程来描述，这样的系统称为非线性系统。非线性系统也有时变系统和定常系统之分，非线性常系数微分方程没有完整统一的解法，数学上较难处理，不能应用叠加原理，研究起来也不方便，所以只能在一定条件下用近似分析的方法来处理。

2. 按系统给定输入信号的特征分类

给定信号是系统的指令信息。它代表了系统希望的输出值，反映了控制系统要完成的基本任务和职能。

1）恒值控制系统

恒值控制系统的特点是给定输入一经设定就维持不变，希望输出维持在某一特定值上。这种系统的主要任务是当被控量受某种干扰而偏离希望值时，通过自动调节的作用，使它尽可能快地恢复到希望值。系统结构设计的好坏，直接影响到恢复的精度。如果由于结构的原因不能完全恢复到希望值时，则误差应不超过规定的允许范围。显然，要想使系统输出维持恒定，克服扰动的影响是系统设计中要解决的主要矛盾。例如，工业中采用的液位控制系统、直流电动机调速系统，以及其他恒定压力、恒定流量、恒定温度等都属于这一类系统。

2）随动控制系统

随动控制系统（又称伺服系统）的主要特点是给定信号是事先不能确定的随机信号。这类系统的任务是使输出快速、准确地随给定值的变化而变化，因此，称为随动控制系统。显然，由于输入信号在不断地变化，设计好系统跟随性能就成为这类系统中要解决的主要矛盾。当然，系统的抗干扰性也不能忽视，但与跟随性相比，应放在第二位来解决。

随动系统在工业、国防中有着极为广泛的应用，例如，火炮自动控制系统、雷达跟踪系统、自动驾驶系统、函数记录仪、自动导航系统等都属于这类系统。

3）程序控制系统

程序控制系统与随动控制系统的不同之处就是它的给定输入不是随机不可知的，而是按事先预定的规律变化。这类系统往往适用于特定的生产工艺或工业过程，按所需要的控制规律给定输入，要求输出按预定的规律变化。设计这类系统比随动系统有针对性。由于变化规律已知，可根据要求事先选择方案，保证控制性能和精度。

在工业生产中广泛应用的程序控制有仿形控制系统、机床数控加工系统、加热炉温度自动控制系统等。

3. 按系统信号传递的形式分类

1）连续控制系统

如果系统中各元件的输入量和输出量均为时间的连续函数，则这类系统称为连续系统。这类系统的运动规律可用微分方程来描述。

连续系统中各元件传输的信息在工程上称为模拟量，其输入、输出一般用 $r(t)$ 和 $c(t)$ 表示，如图 2-1-4 所示。

2）离散控制系统

在控制系统中，至少有一处的信号是脉冲序列或数字量时，该系统即为离散系统。这种系统的状态和性能一般采用差分方程来描述。

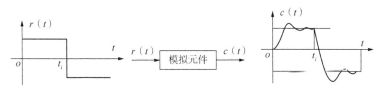

图 2-1-4　模拟量输入输出示意图

$r(t)$—输入；$c(t)$—输出；t—时间；t_i—时间周期

对连续信号采样，可以得到离散的脉冲序列，再对脉冲序列进行量化，可以得到序列的数字信号。通常把数字序列形成的离散系统称为数字控制系统。计算机控制系统是典型的数字控制系统，其结构框图如图 2-1-5 所示。

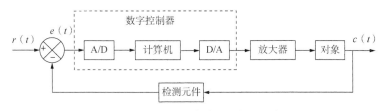

图 2-1-5　典型的计算机控制系统框图

$r(t)$—输入；$c(t)$—输出；$e(t)$—误差；A/D—模数转换器；D/A—数模转换器

4. 按系统输入与输出信号的数量分类

1）单变量系统

单变量系统（Simple Input Simple Output，SISO），指不考虑系统内部的通路与结构，只有一个输入量和一个输出量的控制系统，其构成框图如图 2-1-6 所示。单变量系统是经典控制理论的主要研究对象。

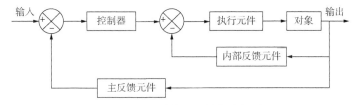

图 2-1-6　单变量系统构成框图

2）多变量系统

多变量系统（Multiple Input Multiple Output，MIMO）有多个输入量和多个输出量，其特点是变量多，回路也多，且相互之间出现多路耦合。多变量系统构成框图如图 2-1-7 所示。

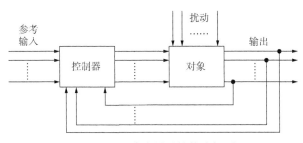

图 2-1-7　多变量系统构成框图

多变量系统是现代控制理论研究的主要对象，以状态空间法分析为基础。

5. 按系统参数的变化特征分类

1）定常参数控制系统

定常参数控制系统中，所有参数都不会随着时间的推移而发生改变，因此，描述它的微分方程也就是常系数微分方程，而且对其进行观察和研究不受时间限制。只要实际系统的参数变化不太明显，一般都视作定常系统，因为绝对的定常系统是不存在的。

2）时变参数控制系统

时变参数控制系统中，部分或全部参数将会随着时间的推移而发生改变，因此，描述它的运动规律就要用变系数微分方程，系统的性质也会随时间变化，当然也就不允许用此刻观测的系统性能去代替另一时刻的系统性能。

6. 按系统本身或信号的确定与不确定分类

1）确定性系统

确定性系统的结构和传输是确定的、已知的，作用于系统的输入信号（包括扰动）也是确定的，可用分析式和图表确切地表示。完全确定的系统是没有的，对一些不确定、变化或偏差，只要不影响系统的分析，就可认为是确定的。

2）不确定性系统

不确定性系统本身和作用于系统的信号有的不确定或模糊。例如，系统的输入信号是随机的或混有随机噪声，就是一种简单的情况，它们不能用一定的时间函数来描述。

此外，还可以从其他角度对系统进行分类，如按照系统的结构特征，可分为开环控制系统和闭环控制系统；按系统能否用常微分方程来描述，可分为集中参数系统和分布参数系统等。

第二节　生产过程自动控制发展概况

生产过程自动控制伴随社会经济发展需求和科学技术革新进步而不断发展，经历了一个从简单形式到复杂形式、从局部自动化到全局自动化、从低级经验管理到高级智能决策的发展过程。回顾生产过程自动化的发展历史，大致可分为以下几个发展阶段。

一、基于仪表的局部自动化阶段

20 世纪 50 年代前后，过程控制开始发展，一些工矿企业率先实现了基于仪表的局部自动化，这是过程控制发展的早期阶段。该阶段的主要特点是：采用的过程检测控制仪表大多为基地式仪表或部分单元组合式仪表，而且多数是气动仪表（即用气压源作为驱动源）；过程控制系统绝大多数是单输入单输出系统；被控参数主要是温度、压力、流量和物位等工艺参数；控制的目的主要是保证这些工艺参数稳定在期望值，以确保生产安全；过程控制系统分析、综合的理论基础是基于传递函数的经典控制理论。

二、基于计算机的综合自动化阶段

20 世纪 60 年代前后,随着工业生产的不断发展,对过程控制的要求不断提高;随着电子技术的迅速发展,自动化技术工具也不断完善,过程控制进入综合自动化阶段。该阶段的主要特点是:过程控制大量采用单元组合式仪表(包括气动和电动)或组装式仪表;各种高性能或特殊要求的控制系统,如串级控制、前馈—反馈复合控制、史密斯预估控制,以及比值、均匀、分程、自动选择性控制等也相继出现,这不但提高了控制质量,同时也满足了一些特殊工艺的控制要求;与此同时,计算机开始应用于过程控制领域,出现了直接数字控制(Direct Digital Control,DDC)和计算机监督控制(Supervisory Computer Control,SCC);过程控制系统分析与综合的理论基础,由基于传递函数的经典控制理论发展到基于状态空间法的现代控制理论;控制系统由单变量发展到多变量,以解决生产过程中遇到的更为复杂的问题。

三、基于网络的全盘自动化阶段

自 20 世纪 70 年代中期以来,随着现代工业的迅猛发展与微型计算机的广泛应用,过程控制的发展达到了一个新的水平,即实现了过程控制最优化与现代化的集中调度管理相结合的全盘自动化方式,这是过程控制发展的高级阶段。

该阶段的主要特点是:在新型的自动化技术工具方面,开始采用以微处理器为核心的智能单元组合仪表(包括可编程逻辑控制器等),成分在线检测与数据处理技术的应用也日益广泛,模拟调节仪表的品种不断增加,可靠性不断提高,电动仪表也实现了本质安全防爆,适应了各种复杂过程的控制要求。过程控制由单一的仪表控制发展到计算机/仪表分布式控制,如集散控制、现场总线控制等。与此同时,现代控制理论的主要内容,如过程辨识、最优控制、最优估计及多变量解耦控制等获得了更加广泛的应用。

1. 集散控制系统

集散控制系统(Distributed Control System,DCS)是集计算机技术、控制技术、通信技术和图形显示技术为一体的装置。系统在结构上是分散的(生产过程是分散系统),但过程控制的监视、管理是集中的。

集散控制系统的优点是将计算机分布到车间或装置,使系统的危险分散,提高系统的可靠性,方便灵活地实现各种新型的控制规律与算法,实现最佳管理。集散控制系统包括过程输入输出接口、过程控制单元、高速数据通路、管理(上位)计算机和操作站。

到了 20 世纪 80 年代,新上大型石油和化工装置大都采用集散控制系统,先进控制、优化控制开始引入应用。90 年代,集散控制系统不断发展和完善,进入成熟期。

2. 现场总线控制系统

20 世纪末,计算机、信息技术的飞速发展,促进了自动化系统结构的变革,仪器仪表向数字化、智能化、网络化、现场化、微型化方向飞速发展:智能测控仪表以专用微处理器为核心,固化智能算法,具有远程通信功能;采用双绞线等作为通信总线,把多个测控仪表连成网络系统，并按开放、标准的通信协议，在多个现场智能测控仪器设备之间以及与远程监控计算机之间实现数据传输与信息交换，构成现场总线控制系统（Fieldbus Control System，FCS）。

现场总线控制系统把控制功能彻底分散到现场总线仪表，真正实现分散控制的功能。现场总线控制系统需要有类似 DCS 中分散过程控制装置的控制软件，一些要进行人机信息交换的现场总线仪表还需有类似操作管理装置的人机接口及管理软件。现场总线控制系统软件包括现场总线组态软件、维护软件、仿真软件、现场设备管理软件和监控软件等。

现场总线控制系统本质是支持双向、多节点、总线式的全数字通信。双向数据通信能力避免了反复进行数字信号与模拟信号之间的转换；把控制任务下移到现场设备，以实现测量控制一体化全分散。

现场总线控制系统是适应综合自动化发展需要而诞生的。20 世纪 90 年代以来，现场总线控制系统已成为全世界范围自动化技术发展的热点，其将对控制系统结构带来革命性变革，开辟控制系统的新纪元。

第三章　数学模型

在控制系统的分析和设计中，首先要建立系统的数学模型。控制系统的数学模型是描述系统内部物理量（或变量）之间关系的数学表达式。在静态条件下（即变量各阶导数为零），描述变量之间关系的代数方程称为静态数学模型，描述变量各阶导数之间关系的微分方程称为动态数学模型。如果已知输入量及变量的初始条件，对微分方程求解，就可以得到系统输出量的表达式，并由此可对系统进行性能分析。因此，建立控制系统的数学模型是分析和设计控制系统的首要工作。

建立控制系统数学模型的方法有分析法和实验法两种。分析法是对系统各部分的运动机理进行分析，根据它们所依据的物理规律或化学规律分别列出相应的运动方程。例如，电学中有基尔霍夫定律，力学中有牛顿定律，热力学中有热力学定律等。实验法是人为地给系统施加某种测试信号，记录其输出响应，并用适当的数学模型逼近，这种方法称为系统辨识。近年来，系统辨识已发展成一门独立的分支学科，本章研究用分析法建立系统数学模型。

在自动控制理论中，数学模型有多种形式。时域中常用的数学模型有微分方程、差分方程和状态方程；复数域中有传递函数、结构图；频域中有频率特性等。本章只研究微分方程、传递函数和结构图等数学模型的建立和应用。

第一节　微分方程、传递函数

一、微分方程

控制系统的运动状态和动态性能可由微分方程式描述，微分方程式是系统的一种数学模型。建立系统微分方程的一般步骤如下：

（1）适当简化，忽略一些次要因素。

（2）根据元件的物理或化学定律，列出相应的微分方程式。

（3）消去中间变量，推出元件的输入量和输出变量之间关系的微分方程。

（4）求出其他元件的方程。

（5）从所有元件的方程式中消去中间变量，最后得到系统的输入输出微分方程。

① R-L-C 无源电路。

图 3-1-1 所示 R-L-C 电路中，R、L、C 均为常值，$u_r(t)$ 为输入电压，$u_c(t)$ 为输出电压，输出端开路。

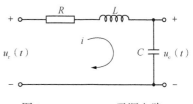

图 3-1-1　R-L-C 无源电路

求出 $u_c(t)$ 与 $u_r(t)$ 的微分方程。

根据基尔霍夫定律可写出原始方程式：

$$L\frac{\mathrm{d}i(t)}{\mathrm{d}t} + \frac{1}{C}\int i(t)\,\mathrm{d}t + Ri(t) = u_r(t) \tag{3-1-1}$$

式中，$i(t)$ 是中间变量，它与输出 $u_c(t)$ 有如下关系：

$$u_c(t) = \frac{1}{C}\int i(t)\,\mathrm{d}t \tag{3-1-2}$$

消去式(3-1-1)、式(3-1-2)的中间变量 $i(t)$ 后，输入输出微分方程式：

$$LC\frac{\mathrm{d}^2 u_c(t)}{\mathrm{d}t^2} + RC\frac{\mathrm{d}u_c(t)}{\mathrm{d}t} + u_c(t) = u_r(t) \tag{3-1-3}$$

$$T_1\frac{\mathrm{d}^2 u_c(t)}{\mathrm{d}t^2} + T_2\frac{\mathrm{d}u_c(t)}{\mathrm{d}t} + u_c(t) = u_r(t) \tag{3-1-4}$$

式中，$T_1 = LC$，$T_2 = RC$ 为电路的时间常数。式(3-1-3)和式(3-1-4)是线性定常二阶线性微分方程。

② 非线性方程的线性化。

严格地说，实际物理元件或系统都是非线性的。例如，弹簧的刚度与其形变有关系，因此弹簧系数 K 实际上是其位移 x 的函数，而非常值；电阻、电容、电感等参数值与周围环境(温度、湿度、压力等)及流经它们的电流有关，也非常值；电动机本身的摩擦、死区等非线性因素会使其运动方程复杂化而成为非线性方程。当然，在一定条件下，为了简化数学模型，可以忽略它们的影响，将这些元件视为线性元件，这就是通常使用的一种线性化方法。此外，还有一种线性化方法，称为切线法或小偏差法，这种线性化方法特别适合于连续变化的非线性特性函数，其实质是在一个很小的范围内，将非线性特性用一段直线来代替，具体方法如下所述。

研究非线性系统在某一工作点(平衡点)附近的性能，如图 3-1-2 所示，x_0 为平衡点，受到扰动后，$x(t)$ 偏离 x_0，产生 $\Delta x(t)$，$\Delta x(t)$ 的变化过程表征系统在 x_0 附近的性能。

可用下述的线性化方法得到的线性模型代替非线性模型来描述系统：

这种小偏差线性化方法对于控制系统大多数工作状态是可行的。事实上，自动控制系统在正常情况下处于稳定的工作状态，即平衡状态，这时被控量与期望值保持一致，控制系统也不进行控制动作。一旦被控量偏离期望值产生偏差时，控制系统便开始控制动作，以便减小或消除这个偏差，因此，控制系统中被控量的偏差一般不会很大，只是小偏差。在建立控制系统的数学模型时，通常是将系统的稳定工作状态作为起始状态，仅研

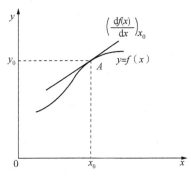

图 3-1-2　小偏差线性化示意图

究小偏差的运动情况，也就是只研究相对于平衡状态下，系统输入量和输出量的运动特性，这正是增量线性化方程所描述的系统特性。

二、传递函数

控制系统的微分方程是在时间域描述系统动态性能的数学模型，在给定外作用及初始条件下，求解微分方程可以得到系统的输出响应。这种方法比较直观，特别是借助于计算机可以迅速而准确地求得结果。但是如果系统的结构改变或某个参数变化时，就要重新列出并求解微分方程，不便于对系统进行分析和设计。

用拉氏变换法求解线性系统的微分方程时，可以得到控制系统在复数域中的数学模型——传递函数。传递函数不仅可以表征系统的动态性能，而且可以用来研究系统的结构或参数变化对系统性能的影响。经典控制理论中广泛应用的频率法和根轨迹法，就是以传递函数为基础建立起来的，传递函数是经典控制理论中最基本和最重要的概念。

1. 传递函数的定义和性质

1）定义

传递函数：对线性常微分方程进行拉氏变换，得到的系统在复数域的数学模型。

传递函数不仅可以表征系统的动态特性，而且可以研究系统的结构或参数变化时对系统性能的影响。传递函数是经典控制理论中最基本、最重要的概念。

线性定常系统的传递函数可表示为：

$$G(s)=\frac{C(s)}{R(s)}=\frac{b_m s^m+b_{m-1}s^{m-1}+\cdots+b_1 s+b_0}{a_n s^n+a_{n-1}s^{n-1}+\cdots+a_1 s+a_0}=\frac{M(s)}{D(s)} \tag{3-1-5}$$

式中，$M(s)$ 为传递函数的分子多项式；$D(s)$ 为传递函数的分母多项式；$G(s)$ 为输出量；$C(s)$、$R(s)$ 为变量；b_0，$b_1\cdots b_m$ 和 a_0，$a_1\cdots a_n$ 为常数；m，n 和 s 为变量参数。

2）性质

传递函数是一种用系统参数表示输出量与输入量之间关系的表达式，它只取决于系统或元件的结构和参数，而与输入量的形式无关，也不反映系统内部的任何信息。因此，可以用图 3-1-3 的方块图来表示一个具有传递函数 $G(s)$ 的线性系统。图中表明，系统输入量与输出量的因果关系可以用传递函数联系起来。

线性（或线性化）定常系统在零初始条件下，输出量的拉氏变换与输入量的拉氏变换之比称为传递函数。

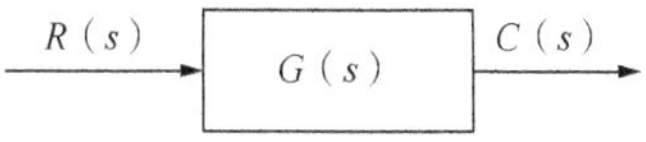

（1）传递函数是复变量 s 的有理真分式函数，分子的阶数 m 不大于分母的阶数 $n(m\leqslant n)$，且所有系数均为实数。

图 3-1-3　传递函数的图示

（2）传递函数只取决于系统和元件的结构和参数，与外作用及初始条件无关。

$$G(s)=\frac{C(s)}{R(s)}=k\frac{(s+z_1)(s+z_2)\cdots(s+z_m)}{(s+p_1)(s+p_2)\cdots(s+p_n)} \tag{3-1-6}$$

（3）传递函数的零点、极点分布图也表征了系统的动态性能。

2. 典型元部件的传递函数

自动控制系统是由各种元部件相互连接组成的，它们一般是机械的、电子的、液压的、光学的或其他类型的装置。为建立控制系统的数学模型，必须首先了解各种元部件的数学模型及其特性。

电位器是一种把线位移或角位移变换为电压量的装置。在控制系统中，单个电位器用作信号变换装置，如图3-1-4(a)所示；一对电位器可组成误差检测器，如图3-1-4(b)所示。

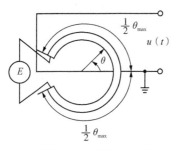 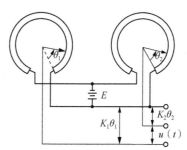

（a）单个电位器用作信号变换装置　　　　（b）一对电位器可组成误差检测器

图 3-1-4　电位器及其特征

E—电位器电源电压；$u(t)$—输出电压；θ_{max}—电位器最大工作角；θ—电刷角位移；

K_1—电刷角位移为 θ_1 时的电位器传递系统；K_2—电刷角位移为 θ_2 时的电位器传递系统；

θ_1，θ_2—假设的电刷角位移；$K_1\theta_1$，$K_2\theta_2$—相应假设电刷角位移下的输出电压

测速发电机是用于测量角速度并将它转换成电压量的装置。在控制系统中常用的有直流测速发电机和交流测速发电机，如图3-1-5所示。

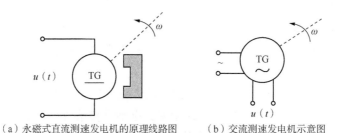

（a）永磁式直流测速发电机的原理线路图　　　（b）交流测速发电机示意图

图 3-1-5　测速发电机示意图

图3-1-5(a)是永磁式直流测速发电机的原理线路图。测速发电机的转子与待测量的轴相连接，在电枢两端输出与转子角速度成正比的直流电压，即

$$u(t)=K_t\omega(t)=K_t\frac{\mathrm{d}\theta(t)}{\mathrm{d}t} \tag{3-1-7}$$

式中，$\theta(t)$是转子角位移；$\omega(t)=\mathrm{d}\theta(t)/\mathrm{d}t$是转子角速度；$K_t$是测速发电机输出斜率，表示单位角速度的输出电压。

图3-1-5(b)是交流测速发电机的示意图。在结构上它有两个相互垂直放置的线圈，其中一个是激磁绕组，接入一定频率的正弦额定电压，另一个是输出绕组。当转子旋转时，输出绕组产生与转子角速度成比例的交流电压$u(t)$，其频率与激磁电压频率相同。

电枢控制的直流伺服电动机在控制系统中广泛用作执行机构，用来对被控对象的机械运动实现快速控制。

两相伺服电动机具有重量轻、惯性小、加速特性好的优点，是控制系统中广泛应用的一种小功率交流执行机构。

两相伺服电动机由互相垂直配置的两相定子线圈和一个高电阻值的转子组成。定子线圈的一相是激磁绕组，另一相是控制绕组，通常接在功率放大器的输出端，提供数值和极性可变的交流控制电压。

第二节　控制系统的结构图与信号流图

控制系统的结构图和信号流图都是描述系统各元部件之间信号传递关系的数学图形，它们表示了系统中各变量之间的因果关系以及对各变量所进行的运算，是控制理论中描述复杂系统的一种简便方法。与结构图相比，信号流图符号简单，更便于绘制和应用，特别是在系统的计算机模拟仿真研究以及状态空间法分析设计中，信号流图可以直接给出计算机模拟仿真程序和系统的状态方程描述，更显示出其优越性。但是，信号流图只适用于线性系统，而结构图也可用于非线性系统。

一、系统结构图的组成和绘制

控制系统的结构图是由许多对信号进行单向运算的方框和一些信号流向线组成，它包含信号线、引出点、比较点和方框四种基本单元。

信号线是带有箭头的直线，箭头表示信号的流向，在直线旁标记信号的时间函数或象函数，如图 3-2-1(a)所示。

引出点(或测量点)表示信号引出或测量的位置，从同一位置引出的信号在数值和性质方面完全相同，如图 3-2-1(b)所示。

比较点(或综合点)表示对两个以上的信号进行加减运算，"+"表示相加，"-"表示相减，"+"可省略不写，如图 3-2-1(c)所示。

方框(或环节)表示对信号进行的数学变换，方框中写入元部件或系统的传递函数，如图 3-2-1(d)所示。显然，方框的输出变量等于方框的输入变量与传递函数的乘积，即

$$C(s) = G(s)U(s) \tag{3-2-1}$$

式中，$C(s)$ 为输出变量；$G(s)$ 为输入变量；$U(s)$ 为传递函数。

因此，方框可视为单向运算的算子。

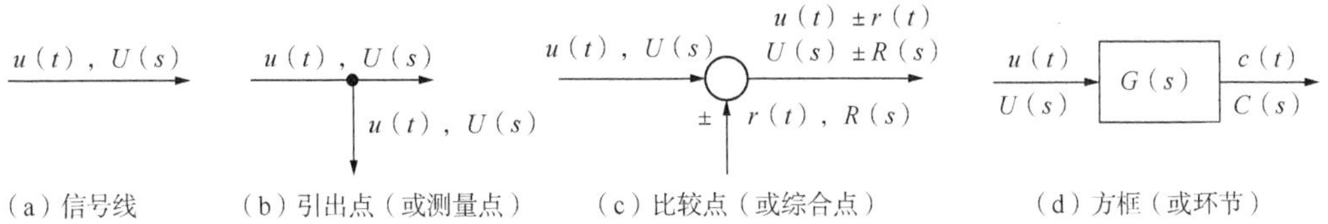

(a) 信号线　　(b) 引出点(或测量点)　　(c) 比较点(或综合点)　　(d) 方框(或环节)

图 3-2-1　结构图的基本组成单元

绘制系统结构图时，首先考虑负载效应，分别列出系统各元部件的微分方程或传递函数，并将它们用方框表示；然后，根据各元部件的信号流向，用信号线依次将各方框连接便得到系统的结构图。因此，系统结构图实质上是系统原理图与数学方程两者的结合，既补充了原理图所缺少的定量描述，又避免了纯数学的抽象运算。在结构图上可以用方框进行数学运算，也可以直观了解各元部件的相互关系及其在系统中所起的作用。更重要的是，从系统结构图可以方便地求得系统的传递函数。因此，系统结构图也是控制系统的一种数学模型。

需要指出的是，虽然系统结构图是从系统元部件的数学模型得到的，但结构图中的方框与实际系统的元部件并非一一对应。一个实际元部件可以用一个方框或几个方框表示；而一个方框也可以代表几个元部件或一个子系统，或一个大的复杂系统。

二、结构图的等效变换和简化

由控制系统的结构图通过等效变换(或简化)可以方便地求取闭环系统的传递函数或系统输出量的响应。实际上，这个过程对应于由元部件运动方程消去中间变量求取系统传递函数的过程。

一个复杂的系统结构图，其方框间的连接必然是错综复杂的，但方框间的基本连接方式只有串联、并联和反馈连接三种。因此，结构图简化的一般方法是移动引出点或比较点，交换比较点，进行方框运算，将串联、并联和反馈连接的方框合并。在简化过程中应遵循变换前后变量关系保持等效的原则，具体而言，就是变换前后前向通路中传递函数的乘积应保持不变，回路中传递函数的乘积应保持不变。

1. 串联方框的简化(等效)

传递函数分别为 $G_1(s)$ 和 $G_2(s)$ 的两个方框，若 $G_1(s)$ 的输出量作为 $G_2(s)$ 的输入量，则 $G_1(s)$ 与 $G_2(s)$ 称为串联，如图3-2-2(a)所示(注意：两个串联元件的方框图应考虑负载效应)。

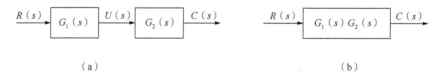

(a)   (b)

图3-2-2　方框串联及其简化

由图3-2-2(a)可以得到：

$$U(s) = G_1(s)R(s) \tag{3-2-2}$$

$$C(s) = G_2(s)U(s) \tag{3-2-3}$$

由上两式消去 $U(s)$，得到：

$$C(s) = G_1(s)G_2(s)R(s) = G(s)R(s) \tag{3-2-4}$$

式中，$C(s)$ 为输出量；$G_1(s)$、$G_2(s)$ 为传递函数；$R(s)$、$U(s)$ 为输入变量；$G(s) =$

$G_1(s)G_2(s)$ 为串联方框的等效传递函数，可用图 3-2-2(b) 的方框表示。

由此可知，两个方框串联的等效方框等于各个方框传递函数的乘积。

2. 并联方框的简化(等效)

传递函数分别为 $C_1(s)$ 和 $G_2(s)$ 的两个方框，如果它们有相同的输入量，而输出量等于两个方框输出量的代数和，则 $G_1(s)$ 与 $G_2(s)$ 称为并联，如图 3-2-3(a) 所示。

由图 3-2-3(a) 可以得到：

$$C_1(s) = G_1(s)R(s) \qquad (3-2-5)$$

$$C_2(s) = G_2(s)R(s) \qquad (3-2-6)$$

$$C(s) = C_1 s \pm C_2(s) \qquad (3-2-7)$$

由上述三式消去 $C_1(s)$ 和 $C_2(s)$，得到：

$$C(s) = [G_1(s) \pm G_2(s)]R(s) = G(s)R(s) \qquad (3-2-8)$$

式中，$C(s)$ 为输出量；$G_1(s)$、$G_2(s)$ 为传递函数；$R(s)$ 为输入变量；$G(s) = G_1(s) \pm G_2(s)$ 为并联方框的等效传递函数，可用图 3-2-3 的方框表示。

由此可知，两个方框并联的等效方框等于各个方框传递函数的代数和。这个结论可推广到 n 个并联的方框情况。

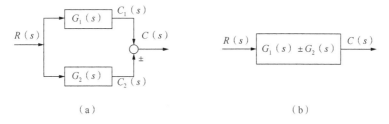

(a)　　　　　　　　　　　　　　　(b)

图 3-2-3　方框并联及其简化

3. 反馈连接方框的简化(等效)

若传递函数分别为 $G(s)$ 和 $H(s)$ 的两个方框，按图 3-2-4(a) 所示形式连接，则称为反馈连接。"+"为正反馈，表示输入信号与反馈信号相加；"-"为负反馈，表示输入信号与反馈信号相减。

由图 3-2-4(a) 可以得到：

$$C(s) = G(s)E(s) \qquad (3-2-9)$$

$$B(s) = H(s)C(s) \qquad (3-2-10)$$

$$E(s) = R(s) \pm B(s) \qquad (3-2-11)$$

消去中间变量 $E(s)$ 和 $B(s)$，得到：

$$C(s) = G(s)[R(s) \pm H(s)C(s)] \qquad (3-2-12)$$

于是有：

$$G(s) = \frac{G(s)}{1 \pm G(s)H(s)} R(s) = F(s)R(s) \qquad (3-2-13)$$

其中，$F(s) = \dfrac{G(s)}{1 \pm G(s)H(s)}$ 称为闭环传递函数，是方框反馈连接的等效传递函数，式中负号对应正反馈连接，正号对应负反馈连接，式（3-2-4）可用图 3-2-4（b）的方框表示。

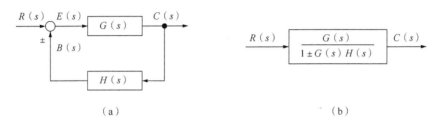

（a）　　　　　　　　　　　　　　　　（b）

图 3-2-4　方框的反馈连接及其简化

4. 比较点和引出点的移动

在系统结构图简化过程中，有时为了便于进行方框的串联、并联或反馈连接的运算，需要移动比较点或引出点的位置。这时应注意在移动前后必须保持信号的等效性，而且比较点和引出点之间一般不宜交换其位置。此外，"−"可以在信号线上越过方框移动，但不能越过比较点和引出点。

三、信号流图的组成及性质

信号流图起源于梅森利用图示法来描述一个或一组线性代数方程式，它是由节点和支路组成的一种信号传递网络。图中节点代表方程式中的变量，以小圆圈表示；支路是连接两个节点的定向线段，用支路增益表示方程式中两个变量的因果关系，因此支路相当于乘法器。

图 3-2-5（a）是有两个节点和一条支路的信号流图，其中两个节点分别代表电流 I 和电压 U，支路增益是电阻 R。该图表明，电流 I 沿支路传递并增大 R 倍而得到电压 U，即 $U = IR$，这正是众所熟知的欧姆定律，它决定了通过电阻 R 的电流与电压间的定量关系，如图 3-2-5（b）所示。图 3-2-6 是由 5 个节点和 8 条支路组成的信号流图，图中 5 个节点分别代表 x_1、x_2、x_3、x_4 和 x_5 5 个变量，每条支路增益分别是 a、b、c、d、e、f、g 和 l。

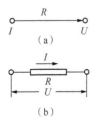

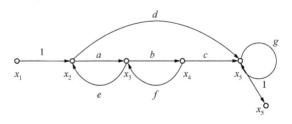

图 3-2-5　欧姆定律与信号流图　　　　　图 3-2-6　典型的信号流图

至此，信号流图的基本性质可归纳如下：

（1）节点标志系统的变量。一般节点自左向右顺序设置，每个节点标志的变量是所有流向该节点的信号的代数和，而从同一节点流向各支路的信号均用该节点的变量表示。例如，图3-2-6中，节点x_3标志的变量是来自节点x_2和节点x_4的信号之和，它同时又流向节点x_4。

（2）支路相当于乘法器，信号流经支路时，被乘以支路增益而变换为另一信号。例如，图3-2-6中，来自节点x_2的变量被乘以支路增益a，来自节点x_4的变量被乘以支路增益f，自节点x_3流向节点x_4的变量被乘以支路增益b。

（3）信号在支路上只能沿箭头单向传递，即只有前因后果的因果关系。

（4）对于给定的系统，节点变量的设置是任意的，因此信号流图不是唯一的。在信号流图中，常使用源节点、阱节点、混合节点、前向通路、回路、不接触回路等名词术语。

源节点：在源节点上，只有信号输出的支路（即输出支路），而没有信号输入的支路（即输入支路），它一般代表系统的输入变量，故也称输入节点。图3-2-6中的节点x_1就是源节点。

阱节点：在阱节点上，只有输入支路而没有输出支路，它一般代表系统的输出变量，故也称输出节点。图3-2-5中的节点U就是阱节点。

混合节点：在混合节点上，既有输入支路，又有输出支路。图3-2-6中的节点x_2、x_3、x_4、x_5是混合节点。若从混合节点引出一条具有单位增益的支路，可将混合节点变为阱节点，成为系统的输出变量，如图3-2-6中用单位增益支路引出的节点x_5。

前向通路：信号从输入节点到输出节点传递时，每个节点只通过一次的通路。前向通路上各支路增益的乘积，称为前向通路总增益，一般用p_k表示。在图3-2-6中，从源节点x_1到阱节点x_s，共有两条前向通路：一条是$x_1 \to x_2 \to x_3 \to x_4 \to x_5$，其前向通路总增益$p_1 = abc$；另一条是$x_1 \to x_2 \to x_5$，其前向通路总增益$p_2 = d$。

回路：起点和终点在同一节点，而且信号通过每一节点不多于一次的闭合通路称为单独回路，简称回路。回路中所有支路增益的乘积称为回路增益，用L_a表示。在图3-2-6中共有三个回路：第一个是起于节点x_2，经过节点x_3最后回到节点x_2的回路，其回路增益$L_1 = ae$；第二个是起于节点x_3，经过节点x_4最后回到节点x_3的回路，其回路增益$L_2 = bf$；第三个是起于节点x_5并回到节点x_5的自回路，其回路增益是g。

不接触回路：回路之间没有公共节点时，这种回路称为不接触回路。在信号流图中，可以有两个或两个以上不接触的回路。在图3-2-6中，有两对不接触的回路：一对是$x_2 \to x_3 \to x_2$和$x_5 \to x_5$；另一对是$x_3 \to x_4 \to x_3$和$x_5 \to x_5$。

四、信号流图的绘制

信号流图可以根据微分方程绘制，也可以从系统结构图按照对应关系得到。

1. 由系统微分方程绘制信号流图

任何线性方程都可以用信号流图表示，但含有微分或积分的线性方程，一般应通过拉氏变换，将微分方程或积分方程变换为代数方程后再画信号流图。绘制信号流图时，首先要对系统的每个变量指定一个节点，并按照系统中变量的因果关系，从左向右顺序排列；然后，用标明支路增益的支路，根据数学方程式将各节点变量正确连接，便可得到系统的信号流图。

2. 由系统结构图绘制信号流图

在结构图中，由于传递的信号标记在信号线上，方框则是对变量进行变换或运算的算子。因此，从系统结构图绘制信号流图时，只需在结构图的信号线上用小圆圈标出传递的信号，便得到节点；用标有传递函数的线段代替结构图中的方框，便得到支路，于是，结构图也就变换为相应的信号流图了。

五、梅森增益公式

从一个复杂的系统信号流图上，经过简化可以求出系统的传递函数，而且结构图的等效变换规则亦适用于信号流图的简化，但这个过程毕竟还是很麻烦的。控制工程中常应用梅森增益公式直接求取从源节点到阱节点的传递函数，而不需简化信号流图，这就为信号流图的广泛应用提供了方便。当然，由于系统结构图与信号流图之间有对应关系，梅森增益公式也可直接用于系统结构图。

梅森增益公式是按克莱姆规则求解线性联立方程组时，将解的分子多项式及分母多项式与信号流图（即拓扑图）巧妙联系的结果。

六、闭环系统的传递函数

反馈控制系统的传递函数，一般可以由组成系统的元部件运动方程式求得，但更方便的是由系统结构图或信号流图求取。一个典型的反馈控制系统的结构图和信号流图如图 3-2-7 所示。图中，$R(s)$ 和 $N(s)$ 都是施加于系统的外作用，$R(s)$ 是有用输入作用，简称输入信号；$N(s)$ 是扰动作用；$C(s)$ 是系统的输出信号。为了研究有用输入作用对系统输出 $C(s)$ 的影响，需要求取有用输入作用下的闭环传递函数 $C(s)/R(s)$。同样，为了研究扰动作用 $N(s)$ 对系统输出 $C(s)$ 的影响，也需要求取扰动作用下的闭环传递函数 $C(s)/N(s)$。此外，在控制系统的分析和设计中，还常用到在输入信号 $R(s)$ 或扰动 $N(s)$ 作用下，以误差信号 $E(s)$ 作为输出量的闭环误差传递函数 $E(s)/R(s)$ 或 $E(s)/N(s)$。

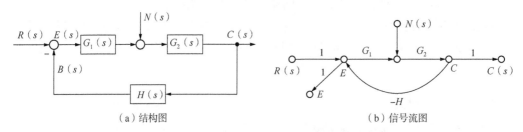

（a）结构图　　　　　　　　　（b）信号流图

图 3-2-7　反馈控制系统的典型结构图和信号流图

采用反馈控制系统，适当地匹配元部件的结构参数，可获得较高的工作精度和很强的抑制干扰的能力，同时又具备理想的复现、跟随指令输入的性能。

第四章　自动控制系统设计概述

要实现过程自动控制，先要对整个工业生产过程的物料流、能源流和生产过程中的被控参数(如温度、压力、流量、物位、成分等)进行准确的测量和计量。然后根据测量得到的数据和信息，用生产过程工艺和控制理论的知识管理、控制该生产过程。

简单控制系统是只对一个被控参数进行控制的单回路闭环控制系统，图4-1为简单控制系统的典型结构框图。

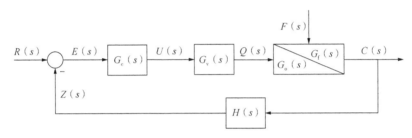

图 4-1　简单控制系统的框图

$G_c(s)$—控制器的传递函数；$G_v(s)$—执行器的传递函数；

$G_o(s)$—对象控制通道的传递函数；$G_f(s)$—对象扰动通道的传递函数；

$H(s)$—检测及变送装置的传递函数；$R(s)$—设定值的拉氏变换式；

$E(s)$—偏差的拉氏变换式；$U(s)$—控制信号(控制器输出)的拉式变换式；

$Q(s)$—操作变量的拉氏变换式；$F(s)$—扰动的拉氏变换式；

$C(s)$—被控变量的拉氏变换式；$Z(s)$—测量值的拉氏变换式

这类系统虽然结构简单，但却是最基本的过程控制系统。即使在复杂、高水平的过程控制系统中，这类系统仍占大多数(占工业控制系统的 70% 以上)。况且，复杂过程控制系统也是在简单控制系统的基础上构成的，即便是一些高级过程控制系统，也往往是将这类系统作为最底层的控制系统。通过学习简单控制系统的分析与设计方法，来了解自动控制系统设计的方法。

第一节　确定控制目标

被控参数的选择对于提高产品质量、安全生产以及生产过程的经济运行等都具有决定性的意义。如果被控参数选择不当，无论是采用何种控制方法，还是采用何种先进的检测仪表，都难以达到预期的控制效果。但是，影响一个正常生产过程的因素有很多，不同的生产过程其影响因素也千差万别，很难为每一种生产过程定出具体的规定，这里只能给出被控参数选择的一般性原则，以供设计者参考。

（1）对于具体的生产过程，应尽可能选择对产品质量和产量、安全生产、经济运行以及环境保护等具有决定性作用的、可直接测量的工艺参数（通常称为直接参数）作为被控参数，这就需要设计者根据生产工艺要求，深入分析具体工艺过程才能确定。

（2）当难以用直接参数作为被控参数时，应选择与直接参数有单值函数关系的间接参数作为被控参数。例如，精馏塔的精馏过程要求产品达到规定的浓度，因而精馏产品的浓度就是直接反映产品质量的直接参数。但是，由于对产品浓度的测量，无论是在实时性还是在精确性方面都存在一定的困难，因而通常采用塔顶馏出物（或塔底残液）的温度这一间接参数代替浓度作为被控参数。

（3）当采用间接参数时，该参数对产品质量应具有足够高的控制灵敏度，否则难以保证对产品质量的控制效果。

（4）被控参数的选择还应考虑工艺上的合理性（如能否方便地进行测量等）和所用测量仪表的性能、价格、售后服务等因素。

需要特别说明的是，对于一个已经运行的生产过程，被控参数往往是由工艺要求事先确定的，控制系统的设计者并不能随意改变。如确实需要改变，需要和工艺工程师协商后确定。

第二节　被控参数的选择

熟悉过程特性对系统控制质量的影响是合理选择被控参数的前提和依据，而过程特性又分为干扰通道特性和控制通道特性，下面先分析它们对系统控制质量的影响，然后再讨论被控参数的确定。

一、过程特性对控制质量的影响

1. 干扰通道特性对控制质量的影响

根据图 4-1，可求得系统输出与干扰之间的传递函数（亦称干扰通道特性）。

$$\frac{C(s)}{F(s)} = \frac{G_f(s)}{1 + G_c(s)G_v(s)G_o(s)H(s)} \tag{4-2-1}$$

式中，$G_f(s)$ 为对象扰动通道的传递函数；$G_c(s)$ 为控制器的传递函数；$G_v(s)$ 为执行器的传递函数；$G_o(s)$ 为对象控制通道的传递函数；$H(s)$ 为检测及变送装置的传递函数。

假设 $G_f(s)$ 为一个单容过程，其传递函数为：

$$G_f(s) = \frac{K_f}{T_f s + 1} \tag{4-2-2}$$

由式（4-2-1）可得：

$$\frac{C(s)}{F(s)} = \frac{1}{1 + G_c(s)G_v(s)G_o(s)H(s)} \frac{K_f}{T_f s + 1} \tag{4-2-3}$$

若考虑 $G_f(s)$ 具有纯时延时间 τ_f，则

$$\frac{C(s)}{F(s)} = \frac{G_f(s)}{1 + G_c(s)G_v(s)G_o(s)H(s)} e^{-\tau_f s} \qquad (4-2-4)$$

根据式(4-2-4)，干扰通道特性对控制质量的影响分析如下：

1）干扰通道放大(增益系数)K_f 的影响

由式(4-2-3)可知，K_f 越大，由干扰引起的输出也越大，被控参数偏离给定值就越多。从控制角度看，这是人们所不希望的。因而在系统设计时，应尽可能选择静态增益 K_f 小的干扰通道，以减小干扰对被控参数的影响。当 K_f 无法改变时，减小干扰引起偏差的办法之一则是增强控制作用，以抵消干扰的影响；或者采用干扰补偿，将干扰引起的被控参数的变化及时消除。

2）干扰通道时间常数 T_f 的影响

由式(4-2-3)可以看出，$G_f(s)$ 为惯性环节，对干扰 $F(s)$ 具有滤波作用，T_f 越大，滤波效果越明显。由此可知，干扰通道的时间常数越大，干扰对被控参数的动态影响就越小，因而越有利于系统控制质量的提高。

3）干扰通道时滞 τ_f 的影响

由式(4-2-4)可以看出，与式(4-2-1)或式(4-2-3)相比，τ_f 的存在，仅仅使干扰引起的输出推迟了一段时间 τ_f，这相当于干扰隔了 τ_f 一段时间后才进入系统，而干扰在什么时候进入系统本来就是随机的，因此，τ_f 的存在并不影响系统的控制质量。

4）干扰进入系统位置的影响

如式(4-2-1)所示，假定 $F(s)$ 不是在 $G_o(s)$ 之后，而是在 $G_o(s)$ 之前进入系统，则干扰通道的特性变为：

$$\frac{C(s)}{F(s)} = \frac{G_f(s)G_o(s)}{1 + G_c(s)G_v(s)G_o(s)H(s)} \qquad (4-2-5)$$

式中，$G_f(s)$ 为对象扰动通道的传递函数；$G_o(s)$ 为对象控制通道的传递函数；$G_c(s)$ 为控制器的传递函数；$G_v(s)$ 为执行器的传递函数；$H(s)$ 为检测及变送装置的传递函数。

依据假设 $G_f(s) = \dfrac{K_f}{T_f s + 1}$，并设 $G_o(s) = \dfrac{K_o}{T_o s + 1}$，则有：

$$\frac{C(s)}{F(s)} = \frac{1}{1 + G_c(s)G_v(s)G_o(s)H(s)} \times \frac{K_f}{T_f s + 1} \times \frac{K_o}{T_o s + 1} \qquad (4-2-6)$$

将式(4-2-6)与式(4-2-3)比较，又多了一个滤波项，这表明干扰多经过一次滤波才对被控参数产生动态影响。从动态看，这对提高系统的抗干扰性能有利。因此，干扰进入系统的位置越远离被控参数，对系统的动态控制质量越有利。但从静态看，式(4-2-6)与式(4-2-3)相比，多乘了一个 K_o，而当 $K_o > 1$ 时，则会使干扰引起被控参数偏离给定值的偏差相对增大，这对系统的控制品质不利，因此需要权衡它们的利弊。

2. 控制通道特性对控制质量的影响

控制通道特性对控制质量的影响与干扰通道有着本质的不同。由控制理论可知，控制作用总是力图使被控参数与给定值相一致，而干扰作用则使被控参数与给定值相偏离。由于在控制理论课程中对控制通道作用的理论阐述已相当详尽，这里不再重复。下面仅针对控制通道特性对控制质量的影响着重从物理意义上进行定性分析。

1）控制通道增益（放大系数）K_o 的影响

在调节器增益 K_c 一定的条件下，当控制通道静态增益 K_o 越大时，控制作用越强，克服干扰的能力也越强，系统的稳态误差就越小；与此同时，K_o 越大，被控参数对控制作用的反应就越灵敏，响应越迅速。但是，当调节器静态增益 K_c 一定、K_o 越大时，系统的开环增益也越大，这对系统的闭环稳定性不利。因此，在进行系统设计时，应综合考虑系统的稳定性、快速性和稳态误差三方面的要求，尽可能选择 K_o 比较大的控制通道，然后通过改变调节器[图 4-1 中 $G_c(s)$ 部分]的增益 K_c 使系统的开环增益 K_oK_c 保持规定的数值。这样，当 K_o 越大时，K_c 取值就越小，对调节器的性能要求就越低。

2）控制通道时间常数 T_o 的影响

由于调节器的调节作用是通过控制通道影响被控参数的，如果控制通道的时间常数 T_o 太大，则调节器对被控参数变化的调节作用就不够及时，系统的过渡过程时间就会延长，最终导致控制质量下降；但若 T_o 太小，则调节过程又过于灵敏，容易引起振荡，同样难以保证控制质量。因此，在进行系统设计时，应使控制通道的时间常数 T_o 既不能太大，也不能太小。当 T_o 过大而又无法减小时，可以考虑在控制通道中增加微分环节。

3）控制通道时滞 τ_o 的影响

控制通道纯滞后时间 τ_o 产生的原因：一是由信号传输滞后所致，如在气动单元组合控制仪表中，气压信号在管路中的传输事实上存在时间滞后；二是由信号的测量变送滞后所致，如对温度或成分进行测量时，由于分布参数或非线性等因素，导致测量信号的起始部分变化比较缓慢，可近似为纯滞后；三是执行器的动作滞后所致。但不管是何种原因引起的控制通道的纯滞后，它对系统控制质量的影响都是非常不利的。如果是测量方面的滞后，会使控制器不能及时察觉被控参数的变化，导致调节不及时；如果是执行器的动作滞后，会使控制作用不能及时产生应有的效应。总之，控制通道的纯滞后，都会使系统的动态偏差增大，超调量增加，最终导致控制质量下降。从系统的频率特性分析可知，控制通道纯滞后的存在，会增加开环频率特性的相角滞后，导致系统的稳定性降低。因此，无论如何，均应设法减小控制通道的纯滞后，以利于提高系统的控制质量。

在过程控制中，通常用 τ_o/T_o 的大小作为反映过程控制难易程度的一种指标。一般认为，当 $\tau_o/T_o \leqslant 0.3$ 时，系统比较容易控制；而当 $\tau_o/T_o > 0.5$ 时，则系统较难控制，需要采取特殊措施。当 τ_o 难以减小时，可设法增加 T_o 以减小 τ_o/T_o 值，否则很难收到良好的控制效果。

4）控制通道时间常数匹配的影响

在实际生产过程中，广义被控过程（即包括测量元件与变送器和执行器的被控过程）可近似看成由几个一阶惯性环节串联而成。现以三阶为例，则有：

$$G_o(s) = \frac{K_o}{(T_{01}s+1)(T_{02}s+1)(T_{03}s+1)} \qquad (4-2-7)$$

式中，s 为测量仪表的灵敏度和分辨力。

根据控制理论可计算出相应的临界稳定增益 K_k 为：

$$K_k = 2 + \frac{T_{01}}{T_{02}} + \frac{T_{02}}{T_{03}} + \frac{T_{03}}{T_{02}} + \frac{T_{02}}{T_{01}} + \frac{T_{03}}{T_{01}} + \frac{T_{01}}{T_{03}} \qquad (4-2-8)$$

由式（4-2-8）可知，K_k 的大小完全取决于 T_{01}、T_{02} 和 T_{03} 三个时间常数的相对比值，如当 $T_{01}=aT_{02}$、$T_{02}=bT_{03}$、$a=b=2$ 时，则 $K_k=11.25$；当 $a=b=5$ 时，则 $K_k=37.44$；当 $a=b=10$ 时，则 $K_k=122.21$。由此可见，时间常数相差越大，临界稳定的增益 K_k 则越大，这对系统的稳定性有利。换句话说，在保持稳定性相同的情况下，时间常数错开得越多，系统开环增益就允许增大得越多，因而对系统的控制质量就越有利。

在实际生产过程中，当存在多个时间常数时，最大的时间常数往往对应生产过程的核心设备，未必能随意改变。但是，减小广义被控过程的其他时间常数却是可能的。例如，可以选用快速测量仪表以减小测量变送环节的时间常数，通过合理选择或采取一定措施以减小执行器的时间常数等。因此，将时间常数尽量错开也是选择广义被控过程控制参数的重要原则之一。

二、被控参数的确定

综上所述，可以将简单控制系统控制参数选择的一般性原则归纳如下：

（1）选择结果应使控制通道的静态增益 K_0 尽可能大，时间常数 T_0 选择适当。具体数值则需根据具体的生产过程、系统的技术指标和调节器参数的整定范围，运用控制理论的知识具体分析计算后才能最终确定。

（2）控制通道的纯滞后时间 τ_o 应尽可能小，τ_o 与 T_0 的比值一般应小于 0.3。当比值大于 0.3 时，则需要采取特殊措施，否则难以满足控制要求。

（3）干扰通道的静态增益 K_f 应尽可能小；时间常数 T_f 应尽可能大，其个数尽可能多；扰动进入系统的位置应尽可能远离被控量而靠近调节阀（执行器）。上述选择对抑制干扰对被控量的影响均有利。

（4）当广义被控过程（包括被控过程、调节阀和测量变送环节）由几个一阶惯性环节串联而成时，应尽量设法使几个时间常数中的最大与最小的比值尽可能大，以便尽可能提高系统的可控性。

（5）在确定被控参数时，还应考虑工艺操作的合理性、可行性与经济性等因素。

第三节　被控参数的测量与变送

在控制系统中，被控参数的测量及信号变送问题非常重要，尤其是当测量信号被用作反馈信号时，如果该信号不能准确而又及时地反映被控参数的变化，调节器就很难发挥其应有的调节作用，从而也就难以达到预期的控制效果。

测量变送环节的作用是将被控参数转换为统一的标准信号反馈给调节器。该环节的特性可近似表示为：

$$\frac{Y(s)}{X(s)}=\frac{K_{\mathrm{m}}}{T_{\mathrm{m}}s+1}e^{-\tau_{\mathrm{m}}s} \qquad (4-3-1)$$

式中，$Y(s)$ 为测量及变送环节的输出；$X(s)$ 为其输入（代表被控参数信号）；K_{m}、T_{m}、τ_{m} 分别为测量及变送环节的静态增益、时间常数和纯时延；e 是自然常数；s 为测量仪表的灵敏度和分辨力。

由式(4-3-1)可知，测量及变送环节是一个带有纯滞后的惯性环节，因而当 τ_{m}、T_{m} 不为零时，它的输出不能及时地反映被测信号的变化，二者之间必然存在动态偏差。τ_{m} 和 T_{m} 越大，这种动态偏差就越大，因而对系统控制质量的影响就越不利。而且这种动态偏差并不会因为检测仪表精度等级的提高而减小或消除。只要 τ_{m} 和 T_{m} 存在，这种动态偏差将始终存在。

为了更清楚地说明这一点，图4-3-1示出了测量变送环节在阶跃信号作用和速度信号作用时的响应曲线。

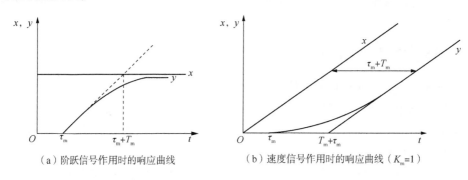

（a）阶跃信号作用时的响应曲线　　　　（b）速度信号作用时的响应曲线（K_{m}=1）

图4-3-1　测量变送环节在阶跃信号和速度信号作用下的响应曲线

由图4-3-1可见，当被测信号 $x(t)$ 做阶跃变化时，测量变送信号 $y(t)$ 并不能及时反映这种变化，而是要经过很长时间才能逐渐跟上这种变化。在这段时间里，二者之间的动态差异是很明显的；当被测信号 $x(t)$ 做等速变化时，则测量变送信号 $y(t)$ 即使经过很长时间仍然与被测信号之间存在很大偏差。因此，只要 τ_{m} 和 T_{m} 存在，动态偏差就必然会存在。

根据以上简单分析可知，为了减小测量信号与被控参数之间的动态偏差，应尽可能选择快速测量仪表，以减小测量变送环节的 τ_{m} 和 T_{m}。与此同时，还应注意解决以下几个问题：

（1）应尽可能做到对测量仪表的正确安装，这是因为安装不当会引起不必要的测量误差，降低仪表的测量精度。

（2）对测量信号应进行滤波和线性化处理，这在设计概述中已述及，此处不再重复。

（3）对纯滞后应尽可能进行补偿，其补偿措施如图4-3-2所示。

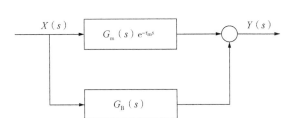

图 4-3-2　纯滞后的补偿措施

$X(s)$—输入(代表被控参数信号)；$Y(s)$—测量及变送环节的输出；$G_B(s)$—补偿函数

图 4-3-2 中，设 $G_m(s)$ 为无纯滞后的传递函数，采用补偿措施后，根据信号等效的原则，则有：

$$X(s)G_m(s)=X(s)G_m(s)e^{-\tau_m s}+X(s)G_B(s) \tag{4-3-2}$$

由此可导出补偿环节的特性为：

$$G_B(s)=G_m(s)(1-e^{-\tau_m s}) \tag{4-3-3}$$

在 $G_m(s)$ 和 τ_m 已知的情况下，按式(4-3-3)构造补偿环节，理论上可以对纯滞后环节实现完全补偿。

(4) 对时间常数 T_m 的影响应尽可能消除。如前所述，测量变送环节时间常数 T_m 的存在，会使测量变送信号产生较大的动态偏差。为了克服其影响，在进行系统设计时，一方面应尽量选用快速测量仪表，使其时间常数 T_m 为控制通道最大时间常数的 1/10 以下；另一方面，则是在测量变送环节的输出端串联微分环节，如图 4-3-3 所示。

图 4-3-3　测量变送环节输出端串联微分环节

T_D—微分时间

由图 4-3-3 可见，这时的输出与输入关系变为：

$$\frac{Y(s)}{X(s)}=\frac{K_m(T_D s+1)}{T_m s+1} \tag{4-3-4}$$

如果选择 $T_m=T_D$，则在理论上可以完全消除 T_m 的影响。

在工程上，常将微分环节置于调节器之后。一方面，这对于克服 T_m 的影响，与串联在测量变送环节之后是等效的；另一方面，还可以加快系统对给定值变化时的动态响应。

需要说明的是，由于在纯滞后时间里参数的变化率为零，因此微分环节对纯滞后是无效的。

第四节 调节规律对控制质量的影响及其选择

在工程实际中，应用最为广泛的调节规律为比例、积分和微分（PID）调节规律。即使是在科学技术飞速发展、许多新的控制方法不断涌现的今天，PID 仍作为最基本的控制方式显示出强大的生命力。

PID 之所以能作为一种基本控制方式获得广泛应用，是由于它具有原理简单、使用方便、稳健性强、适应性广等优点。因此，在过程控制中，一提到调节规律，人们总是首先想到 PID。下面讨论 PID 调节规律对系统调节质量的影响及其选择。

一、调节规律对调节质量的影响

1. 比例调节规律的影响

在比例调节（简称 P 调节）中，调节器的输出信号 u 与输入偏差信号 e 成比例，即

$$u = K_c e \tag{4-4-1}$$

式中，u 为调节器的输出；e 为调节器的输入；K_c 为比例增益。

在电动单元组合仪表中，习惯用比例增益的倒数表示调节器输入与输出之间的比例关系，即

$$u = \frac{1}{\delta} e \tag{4-4-2}$$

式中，δ 称为比例度，$\delta = \frac{1}{K_c} \times 100\%$。它的物理意义解释如下：

如果将调节器的输出 u 直接代表调节阀开度的变化量，将偏差 e 代表系统被调量的变化量（假设调节器的设定值不变），那么由式（4-4-2）可以看出，δ 表示调节阀开度改变 100%（即从全关到全开）时所需的系统被调量的允许变化范围（通常称比例度）。也就是说，只有当被调量处在这个范围之内时，调节阀的开度变化才与偏差 e 成比例；若超出这个范围，调节阀则处于全关或全开状态，调节器将失去调节作用。实际上，调节器的比例度 δ 常常用它相对于被调量测量仪表量程的百分比表示。例如，假设温度测量仪表的量程为 100℃，$\delta = 50\%$ 就意味着当被调量改变 50℃ 时，就使调节阀由全关到全开（或由全开到全关）。

P 调节是一种最简单的调节方式。根据控制理论的有关知识可知，当被控对象为惯性特性时，单纯比例调节有如下结论：

（1）比例调节是一种有差调节，即当调节器采用比例调节规律时，不可避免地会使系统存在稳态误差。之所以如此，是因为只有当偏差信号 e 不为零时，调节器才会有输出；如果 e 为零，调节器输出也为零，此时将失去调节作用。或者说，比例调节器是利用偏差实现控制的，它只能使系统输出近似跟踪给定值。

（2）比例调节系统的稳态误差随比例度的增大而增大，若要减小误差，就需要减小比

例度，亦即需要增大调节器的比例增益 K_c，这样做往往会使系统的稳定性下降，其控制效果如图 4-4-1 所示。

（3）对于惯性过程，即无积分环节的过程，当给定值不变时，采用比例调节，只能使被控参数对给定值实现有差跟踪；当给定值随时间变化时，其跟踪误差将会随时间的增大而增大。因此，比例调节不适用于给定值随时间变化的系统。

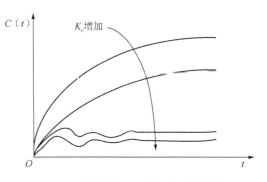

图 4-4-1　比例控制器 K_c 增加时的控制效果

（4）增大比例调节的增益 K_c 不仅可以减小系统的稳态误差，而且还可以加快系统的响应速度。现以图 4-4-2 所示系统进行分析。

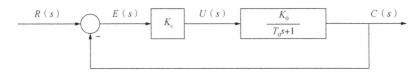

图 4-4-2　比例调节作用于一阶惯性过程

T_0—被测温度，取值 0℃（273.15K）；K_0—T_0 时的比例增益

系统的广义过程为一阶惯性环节，则系统的闭环传递函数为：

$$\frac{C(s)}{R(s)} = \frac{\dfrac{K_0 K_c}{1+K_0 K_c}}{\dfrac{T_0}{1+K_0 K_c}s+1} = \frac{K}{T_s s+1} \tag{4-4-3}$$

式中，$K = \dfrac{K_0 K_c}{1+K_0 K_c}$；$T = \dfrac{T_0}{1+K_0 K_c}$。

显然，T 与 T_0 相比减小了 $(1+K_0 K_c)$ 倍，K_c 越大，减小得越多，说明过程的惯性越小，因而响应速度加快。但 K_0 的增大会使系统的稳定性下降，这一点与前述相同。

2. 积分调节规律的影响

在积分调节（简称 I 调节）中，调节器的输出信号 u 与输入偏差信号 e 的积分成正比，即

$$u = S_I \int_0^t e \mathrm{d}t \tag{4-4-4}$$

由式（4-4-4）可见，只要偏差 e 存在，调节器的输出就会不断地随时间的增大而增大，只有当 e 为零时，调节器才会停止积分，此时调节器的输出就会维持在一个数值上不变。这就说明，当被控系统在负载扰动下的调节过程结束后，系统的静差虽然已不存在，但调节阀却会停留在新的开度上不变，这与 P 调节时，当 e 为零时调节器输出为零不同。

当采用积分调节时，系统的开环增益与积分速度 S_I 成正比。增大积分速度会增强积分

效果，使系统的动态开环增益增大，从而导致系统的稳定性降低。从过程控制的角度分析，增大 S_I 相当于增大了同一时刻的调节器输出控制增量，使调节阀的动作幅度增大，这势必会使系统振荡加剧。从控制理论的角度分析，当系统引入积分后，系统的相频特性滞后了 90°，因而使系统的动态品质变差。因此，无论从哪一个角度分析，积分调节都是牺牲了动态品质而使稳态性能得到改善的。

综上所述，可得到如下结论：

（1）采用积分调节可以提高系统的无差度，也即提高系统的稳态控制精度。

（2）与比例调节相比，积分调节的过渡过程变化相对缓慢，系统的稳定性变差，这是积分调节的不足之处。

针对以上不足，在工程实际应用中，一般较少单独采用积分调节规律。通常将积分调节和比例调节结合起来，组成 PI 调节器，PI 调节器的输入/输出关系为：

$$U = K_c e + \frac{K_c}{T_I}\int_0^t e\,dt = \frac{1}{\delta}\left(e + \frac{1}{T_I}\int_0^t e\,dt\right) \qquad (4\text{-}4\text{-}5)$$

式中，$\delta = \dfrac{1}{K_c}$；T_I 为积分时间。

PI 调节器的传递函数为：

$$G_c(s) = \frac{U(s)}{E(s)} = \frac{1}{\delta}\left(1 + \frac{1}{T_I s}\right) \qquad (4\text{-}4\text{-}6)$$

图 4-4-3 示出了 PI 调节器在阶跃输入下的输出响应曲线。

由图 4-4-3 可见，输出响应由两部分组成。在起始阶段，比例作用迅速反映输入的变化；随后积分作用使输出逐渐增加，达到最终消除稳态误差的目的。因此，PI 调节是将比例调节的快速反应与积分调节的消除稳态误差功能相结合，从而能收到比较好的控制效果。但是，由于 PI 调节给系统增加了相位滞后，与单纯比例调节相比，PI 调节的稳定性相对变差。此外，积分调节还有另外一个缺点，即只要偏差不为零，调节器就会不停地积分使输出增加（或减小），从而导致调节器输出进入深度饱和，调节器失去调节作用。因此，采用积分规律的调节器一定要防止积分饱和。有关抗积分饱和调节器的内容，请参阅有关文献，这里不再叙述。

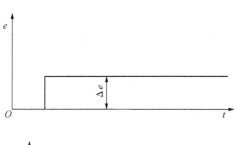

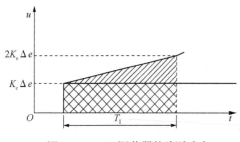

图 4-4-3　PI 调节器的阶跃响应

3. 微分调节规律的影响

比例和积分调节都是根据系统被调量的偏差产生以后才进行调节的，它们均无预测偏差的变化趋势这一功能，而微分调节（简称 D 调节）恰好具有这一功能。微分调节器的输入/输

出关系为:

$$u = S_D \frac{de}{dt} \tag{4-4-7}$$

式中, S_D 为微分速度。

由式(4-4-7)可见, 微分调节器的输出与系统被调量偏差的变化率成正比。由于变化率(包括大小和方向)能反映系统被调量的变化趋势, 因此, 微分调节不是等被调量出现偏差之后才动作, 而是根据变化趋势提前动作。这对于防止系统被调量出现较大动态偏差有利。

但是, 微分时间的选择对系统质量的影响具有两面性。当微分时间较小时, 增加微分时间可以减小偏差, 缩短响应时间, 减小振荡程度, 从而能改善系统的质量; 但当微分时间较大时, 一方面有可能将测量噪声放大, 另一方面也可能使系统响应产生振荡。因此, 应该选择合适的微分时间。最后还要说明的是, 单纯的微分调节器是不能工作的, 这是因为任何实际的调节器都有一定的不灵敏区(或称死区)。在不灵敏区内, 当系统的输出发生变化时, 调节器并不动作, 从而导致被调量的偏差有可能出现相当大的数值而得不到校正。因此, 在实际使用中, 往往将它与比例调节或比例积分调节结合成 PD 或 PID 调节规律。下面分别讨论它们对系统输出的影响。

4. PD 调节规律的影响

PD 调节器的调节规律为:

$$u = K_c e + K_c T_D \frac{de}{dt} \tag{4-4-8}$$

或

$$u = \frac{1}{\delta} \left(e + T_D \frac{de}{dt} \right) \tag{4-4-9}$$

式中, $\delta = \frac{1}{K_c}$; T_D 为微分时间。

按照式(4-4-9), PD 调节器的传递函数为:

$$G_c(s) = \frac{1}{\delta} (1 + T_D s) \tag{4-4-10}$$

考虑到微分容易引进高频噪声, 所以需要增加一些滤波环节。因此, 工业上实际采用的 PD 调节器的传递函数为:

$$G_c(s) = \frac{1}{\delta} \frac{T_D s + 1}{\frac{T_D s}{K_D} s + 1} \tag{4-4-11}$$

式中, K_D 为微分增益, 一般为 5~10。

由此可知，式(4-4-11)中分母项的时间常数是分子项时间常数的 $\frac{1}{10} \sim \frac{1}{5}$。因此，在理论分析 PD 调节器的性能时，为简单起见，通常忽略分母项时间常数的影响，仍按式(4-4-10)进行。

运用控制理论的知识分析 PD 调节规律，可以得出以下结论：

（1）PD 调节也是有差调节。这是因为在稳态情况下，$\frac{de}{dt}=0$，微分部分不起作用，PD 调节变成了 P 调节。

（2）PD 调节能提高系统的稳定性、抑制过渡过程的动态偏差（或超调）。这是因为微分作用总是力图阻止系统被调量的变化，而使过渡过程的变化速度趋于平缓。

（3）PD 调节有利于减小系统静差（稳态误差）、提高系统的响应速度。这是因为微分作用的适度增强，引入了一定的超前相角，提高了系统的稳定裕度，若欲保持原过渡过程的衰减率不变，则可以适当减小比例度，即适当增加系统的开环增益，这不仅使系统的稳态误差减小，而且也可以使系统的频带变宽，从而提高系统的响应速度。

（4）PD 调节也有一些不足之处。首先，PD 调节一般只适用于时间常数较大或多容过程，不适用于流量、压力等一些变化剧烈的过程；其次，当微分作用太强（即 T_D 较大）时，会导致系统中调节阀的频繁开启，容易造成系统振荡。因此，PD 调节通常以比例调节为主，微分调节为辅。此外需说明的是，微分调节对于纯滞后过程是无效的。

5. PID 调节规律的影响

PID 调节器的调节规律为：

$$u = K_c e + S_I \int_0^t edt + S_D \frac{de}{dt} \tag{4-4-12}$$

或

$$u = \frac{1}{\delta}\left(e + \frac{1}{T_I}\int_0^t edt + T_D \frac{de}{dt}\right) \tag{4-4-13}$$

其相应的传递函数为：

$$G_c(s) = \frac{1}{\delta}\left(1 + \frac{1}{T_I s} + T_D s\right) \tag{4-4-14}$$

式中，δ、T_I、T_D 的意义分别与 PI、PD 调节器相同。

由式(4-4-14)可知，PID 是比例、积分、微分调节规律的线性组合，它吸取了比例调节的快速反应功能、积分调节的消除误差功能以及微分调节的预测功能等优点，而弥补了三者的不足，是一种比较理想的复合调节规律。从控制理论的观点分析可知，与 PD 相比，PID 提高了系统的无差度；与 PI 相比，PID 多了一个零点，为动态性能的改善提供了可能。因此，PID 兼顾了静态和动态两方面的控制要求，因而能取得较为满意的调节效果。

图 4-4-4 表示了被控过程在阶跃干扰输入下，系统采用不同调节作用时的典型响应。

如图 4-4-4 所示，如果不加控制（即开环情况），过程将缓慢地达到一个新的稳态值；当采用比例控制后，则加快了过程的响应，并减小了稳态误差；当加入积分控制作用后，则消除了稳态误差，但却容易使过程产生振荡；在增加微分作用以后，则可以减小振荡的程度和响应时间。但是，事物都是一分为二的，虽然 PID 调节器的调节效果比较理想，但并不意味着在任何情况下都可采用 PID 调节器。至少有一点可以说明，PID 调节器要整定 δ、T_I 和 T_D 三个参数，在工程上很难将这三个参数都能整定得最佳。如果参数整定得不合理，也难以发挥各自的长处，弄得不好还会适得其反。

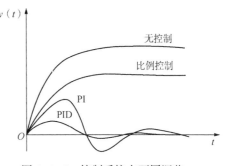

图 4-4-4　控制系统在不同调节
作用下的典型响应
$y(t)$—相对于初始稳态的偏离情况

二、调节规律的选择

调节规律的选择不仅要根据对象特性、负荷变化、主要干扰和控制要求等具体情况具体分析，同时还要考虑系统的经济性和系统投入运行方便等因素，因此它是一件比较复杂的工作，需要综合多方面的因素才能得到比较好的解决办法，这里只能给出选择调节规律的一般性原则。

（1）当广义过程控制通道时间常数较大或容量滞后较大时，应引入微分调节；当工艺容许有静差时，应选用 PD 调节；当工艺要求无静差时，应选用 PID 调节，如温度、成分、pH 值等控制过程属于此类范畴。

（2）当广义过程控制通道时间常数较小、负荷变化不大且工艺要求允许有静差时，应选用 P 调节，如储罐压力、液位等过程。

（3）当广义过程控制通道时间常数较小、负荷变化不大，但工艺要求无静差时，应选用 PI 调节，如管道压力和流量的控制过程等。

（4）当广义过程控制通道时间常数很大且纯滞后也较大、负荷变化剧烈时，简单控制系统则难以满足工艺要求，应采用其他控制方案。

（5）若将广义过程的传递函数表示为 $G_o(s)=\dfrac{K_o \mathrm{e}^{-\tau_o s}}{T_o s+1}$ 时，则可根据 τ_o/T_o 值来选择调节规律：当 $\tau_o/T_o<0.2$ 时，可选用 P 或 PI 调节规律；当 $0.2<\tau_o/T_o<1.0$ 时，可选用 PID 调节规律；当 $\tau_o/T_o>1.0$ 时，简单控制系统一般难以满足要求，应采用其他控制方式，如串级控制、前馈—反馈复合控制等。

第五节　选择执行器

执行器是过程控制系统的重要组成部分，其特性好坏直接影响系统的控制质量，其选择问题必须认真对待，不可忽视。

一、执行器的选型

在过程控制中，使用最多的是气动执行器，其次是电动执行器。究竟选用何种执行器，应根据生产过程的特点、对执行器推力的需求、被控介质的具体情况(如高温、高压、易燃易爆、剧毒、易结晶、强腐蚀、高黏度等)和保证安全等因素加以确定。

二、气动执行器气开、气关的选择

气动执行器分为气开、气关两种形式，它的选择首先应根据调节器输出信号为零(或气源中断)时使生产处于安全状态的原则确定；其次，在保证安全的前提下，还应根据是否有利于节能，是否有利于开车、停车等进行选择。

三、调节阀尺寸的选择

调节阀的尺寸主要指调节阀的开度和口径，它们对系统的正常运行影响很大。若调节阀口径选择过小，当系统受到较大干扰时，调节阀即使在全开状态运行，也会使系统出现暂时失控现象；若口径选择过大，则在运行中阀门会经常处于小开度状态，容易造成流体对阀芯和阀座的频繁冲蚀，甚至使调节阀失灵。因此，调节阀的口径和开度选择应该给予充分重视。在正常工况下，一般要求调节阀开度处于15%～85%之间，具体应根据实际需要的流通能力的大小进行选择。

四、调节阀流量特性的选择

调节阀流量特性的选择也很重要。从控制的角度分析，为保证系统在整个工作范围内都具有良好的品质，应使系统总的开环放大倍数在整个工作范围内都保持线性。一般说来，变送器、调节器和执行机构的静特性可近似为线性的，而被控过程一般都具有非线性特性。为此，常常需要通过选择调节阀的非线性流量特性来补偿被控过程的非线性特性，以达到系统总的放大倍数近似线性的目的。正因为如此，具有对数流量特性的调节阀得到了广泛应用。当然，流量特性的选择还要根据具体过程做具体分析，不可生搬硬套。

第六节　确定控制方案

一、控制方案的确定要点

进行生产过程的自控设计，首先要了解生产工艺过程的构成及特点。

控制方案的正确确定应当在与工艺人员共同研究的基础上进行。要把自控设计提到一个较高水平，自控设计人员必须熟悉工艺，这包括了解生产过程的机理，掌握工艺的操作条件和物料的性质等。然后才能应用控制理论结合工艺情况确定所需的控制点，并决定整个工艺流程的控制方案。控制方案的确定主要包含以下几方面的内容：

(1) 根据工艺要求，确定被调参数和调节参数，组成自动控制(调节)系统；

（2）确定所有的检测点及安装位置；

（3）生产安全保护系统的建立，包括声、光信号报警系统，联锁保护系统及其他保护性系统的设计。

二、在确定控制方案时应处理好几个关系

1. 可靠性与先进性的关系

在控制方案确定时，首先应考虑到它的可靠性，否则设计的控制方案不能被投运、付诸实践，将会造成很大的损失。在设计过程中，将会有两类情况出现：一类是在已有设计的工艺过程有相同或类似的装置，此时，设计人员只要深入现场进行调查研究，吸取现场成功的经验与原设计中不足的教训，其设计的可靠性是较易保证的；另一类是设计新的生产过程，则必须熟悉工艺，掌握控制对象，分析扰动因素，并在与工艺人员密切配合下确定合理的控制方案。

可靠性是一个设计成败的关键因素。但是从发展的眼光来看，要推动生产过程的自动化水平不断前进，先进性将是衡量设计水平的另一个重要标准。

先进性在很大程度上取决于仪表的选型，要从发展的角度看准那些有发展前景的、先进的甚至超前的仪表。由于一个大的工程从设计到投产需要几年的时间，仪表选型过于保守，到投产时仪表已经落后、淘汰。这也是一种浪费、损失。

当前，在设计工作中似乎已形成一个规矩：采用的方案必须是有依据的，经过实践检验是有效和成熟的。这样在某个生产过程中行之有效的先进控制方案，对于另一个生产过程来说，由于处理的介质不同或处理量不同，推广应用也就成了问题。例如，已很成熟的前馈控制系统，国内 20 世纪 50—70 年代的许多研究试验表明，它与一般反馈系统相比具有许多长处，但在设计中采用的还是不多。因此，在考虑自控方案时，必须处理好可靠性与先进性之间的关系，一般来说，可以采用以下两种方法。

一种是留有余地，为下一步的提高水平创造好条件。也就是在眼前设计时要为将来的提高留好后路，不要造成困难。

另一种是做出几种设计方案，可以先投运简单方案，再投运下一步的方案。采用集散系统及数字调节器时，完全可以通过软件来改变方案。

2. 自控与工艺、设备的关系

要使自控方案切实可行，自控设计人员熟悉工艺，并与工艺人员密切配合是必不可少的。然而，目前大多数是先定工艺，再确定设备，最后配自控系统。从工艺方面来确定自控方案，而自动化方面的考虑不能影响到工艺设计的做法，是目前国内普遍采用的方法。自控人员长期处于被动状态并不是正常现象，相反在国外工艺、设备与自控三者的整体优化是现代石油化工工程设计的标志，这是大系统要解决的问题。

3. 技术与经济的关系

设计工作除了要在技术上可靠、先进外，还必须考虑经济上的合理性。因此，在设计过程中应在深入实际调查的基础上，进行方案的技术、经济比较。

处理好技术与经济的关系。要看到自控水平的提高将会增加仪表部分的投资，但可能从改变操作、节省设备投资或生产效益、节省能源等方面得到补偿。但又要看到，自控方案越复杂，采用的仪表越先进，并不一定是自动化水平就越高。盲目追求而无实效的做法，不代表技术的先进，而只能造成经济上的损失。此外，自动化水平的高低也应从工程实际出发，对于不同规模和类型的工程，做出相应的选择，使技术和经济得到辩证的统一。

第七节　信息报警和联锁系统的设计

在过程控制领域内，常常对参数越限信号进行报警，对生产过程及设备按预定目的进行自动操作或采取保护性措施，执行联锁动作，以确保满足长周期正常运转，生产优质产品。在生产过程中，当某些工艺参数越限或运行状态发生异常情况时，信号报警系统就开始工作，以灯光及音响的形式提醒操作人员注意，采取必要的措施，以消除生产不正常情况；如参数越限状态严重，需要立即采取措施，否则出现更为严重的事故时，联锁系统将会按照事先设计好的逻辑关系动作，自动启动备用设备或自动停车，不使事故扩大，保护人身和设备的安全。

因此，合理地选择联锁系统在一定程度上可以提高生产过程自动化水平，确保产品质量和生产安全。然而，事物都是有两面性的，过多地设置联锁，联锁系统动作就很频繁，动不动就停车，这将会造成生产的过多停顿，造成过多的经济损失。对一个大型生产企业来说，停车一次将会造成很大的经济损失。因此，联锁系统的设计必须切合实际，应既能保证生产安全，又排除那些不必要的联锁动作。

一、信号、联锁系统设计的基本原则

1. 整定值及调整范围必须满足生产过程要求

信号报警、联锁系统的设计目的必须满足生产过程的要求，因此其整定值、调整范围必须与生产操作要求吻合。

2. 优先选用无触点式

信号报警系统按其构成元件不同，分为触点式和无触点式两大类(或两者的混合式)。在性能价格比相当的条件下，应优先选用无触点式。这是因为无触点式具有更高的可靠性。

3. 确保可靠性

信号报警、联锁系统的设计相当于电力部门的继电保护在过程控制中的应用，这在石油化工自动化领域是一个有相当难度的课题。设计者必须对生产过程有深刻的了解，还需从系统工程的角度进行设计，以辩证法对待信号联锁点的确定。信号报警联锁设置过多或过少同样都是有害的；过多设置联锁点，粗看似乎更"保险"了，但往往易造成过于频繁的动作，反而影响生产。信号报警、联锁系统的可靠性始终应是设计者放在首位考虑的因素。

应按故障发生时使过程安全的原则，设计信号报警及联锁系统。并应在确保其可靠性的前提下，使所设计的系统简单合理，减少不必要的中间环节，保证系统动作灵敏、准确。

4. 防爆、防腐、防火要求

构成信号报警、联锁系统的元件必须满足生产场所防爆、防腐、防尘、防水、防振和抗电磁场干扰的要求；所采用的防护措施应符合国家的有关标准、规程的要求。

5. 配备不间断电源

组成联锁系统的所有元件必须由同一电源通过独立的回路供电。重要的联锁系统应配备不间断电源供电。

6. 连接导线

信号、联锁系统各元件之间的连线一般选用截面积为 $1.0 \sim 1.5 mm^2$ 的铜芯塑料线。为了区别信号系统和联锁系统，连接导线可选用不同的颜色，一般前者用黄色，后者选红色。

二、信号报警系统设计

过程控制发展至今，除了监控生产过程的操作参数正常值外，还采用监视异常信息手段对操作参数的极限值，利用灯光、音响(或语言)提醒、警告操作者。因此，信号报警系统也是越限参数监控系统。它的设置提高了操作者处理异常信息的能力。早期的报警系统是非智能型的，当报警数量较多时，如何快速找出引起报警的关键原因，以便尽早做出反应，是比较困难的。由于 PLC 和 DCS 的出现，使报警信息的处理有了新的发展。CRT 的使用，使图形和字符的显示能力得到更好地运用，设计者可以预先把各种报警、事故分析及其处理步骤储存起来，一旦发生参数越限，可提供参考处理对策。

1. 信号报警系统的组成

信号报警系统通常由发讯传感器、灯光显示器件、信号接收器件、音响器件、检查器件、解除声光及特殊功能要求的环节(如记忆、转换、自锁或互锁功能等)和能源供给系统构成。

1) 发讯传感器

发讯传感器是故障检出元件，它是信号报警系统的输入元件。当参数越限时，它的接点就会闭合或断开，于是信号报警系统就开始动作。

信号报警系统中的报警信息源来自传感器发出的信号，传感器一般发送下列三种信号：

(1) 位置信号，如阀门的开、关位置或电动机的启、停位置。

(2) 指令信号，如将预定指令传往其他车间。

(3) 工艺参数越限信号，如被监视的温度、压力、流量值等。

一般报警信号系统可选用单独的报警开关，也可选用带输出接点的仪表(如某些成分分析仪表，只能选用带输出接点的二次仪表作为其报警传感器)，或可编程逻辑控制器、集散控制系统的报警信号开关；作为报警系统的传感器，发出的报警信息应满足过程的精度要求。

发讯装置接点是常开、常闭形式，应符合工艺过程状况，并与报警线路设计要求相符，传感器本身的性能可靠性要高，当工艺参数值上升或下降时，其接点动作的重复性应在误差允许的范围内。

对生产过程影响重大的操作监视点，宜设置双重化的传感器，但不宜选用二次仪表的输出接点作为传感器。

2）灯光显示器件

报警系统的灯光显示器件可以是信号灯，或带滤色片的光字牌式闪光灯屏，在闪光灯屏的滤色片上应刻写报警点位号，以便操作人员分辨。对于使用阴极射线管显示的可编程逻辑控制器或集散控制系统，信号灯则就在阴极射线管的图形上，只要设置规定的颜色即可，同样也能闪光。

总体规定：灯光显示器件能正确指示过程报警状态，并能醒目地与背景区别。

具体要求如下：

（1）在报警参数正常时，灯光显示应处于熄灭状况，当报警参数超越限定值（或状态改变)时，应发出闪光或旋转闪光。在操作者确认报警，但参数越限状态消除前，应发出平光。

（2）应以红色灯光表示越限报警或危急状态；黄色灯光表示低限报警或预告报警，或非第一事故原因报警；绿色灯光表示运转设备或工艺参数处于正常运行状态；乳白色灯光指示仪表电源处于正常供应状态；旋转闪光红灯常用于大型旋转机械事故状态或环境状态的报警。此规定与国际标准相一致。

（3）灯光显示器件应标注报警点位号或名称，以利于操作人员及时处理。

3）音响器件

信号报警系统必须设置音响器，提醒操作者报警已经发生。

音响器件一般选用电铃、喇叭、蜂鸣器、电笛、颤音器。可根据系统配置要求使用语音语句发出报警声响（如可编程逻辑控制器或集散控制系统）。当同一控制室内要区别不同工艺装置的报警信号时，宜选用不同种类的音响器件发出不同的声音。

音响器件的声响应考虑克服环境噪声的干扰，保证音响器起到应有的作用，不致被环境噪声淹没。

4）检查器件

信号报警系统应设置用于检查系统是否发生故障的必要器件。检查器件由确认按钮（用于消音、去闪光)和试验按钮组成。确认按钮宜选用黑色，试验按钮宜选用白色。确认按钮用于表明操作者已知报警发生；试验按钮用于检查系统功能是否正常可靠。颜色选用是按国际标准规定执行的。

当使用可编程逻辑控制器或集散控制系统组成信号报警系统时，其检查器件可根据系统组成硬件的实际情况确定，通常由操作键盘来实现。

2. 系统设计选用要点

对于一般生产装置，可选用闪光报警产品作信号报警系统。大型装置的报警宜选用无触点信号报警系统或其他带微处理器的信号报警器。目前，国内生产的无触点闪光报警器产品很多，回路点数有单点和8~120点。主要的信号报警系统应采用容错技术，以提高系统的可靠性。

系统必须有稳定的电源，并设置监视操作电源的设施(如灯、信号)，应正确选择电源种类(交、直流)和电压等级。重要场所宜由不间断电源供电。

在性能价格比接近或有其他专门要求时，应优先选用由微处理器构成的系统。

3. 系统运行状态组合

1) 一般闪光报警系统运行状态

具有闪光信号的报警系统运行状态：当参数越限时，发讯传感器发出信号，信号报警系统动作，发出音响和闪光信号。当操作人员得知后，按动确认按钮后，闪光转为平光，音响器不响。待采取消除事故措施，参数回至正常值后，灯光熄灭，音响不响。具体动作见表4-7-1。

表4-7-1 一般闪光信号报警系统运行状态

过程状态	显示器/灯	音响器	备注
正常	不亮	不响	
报警信号输入	闪光	响	
按动确认按钮	平光	不响	
报警信号消失	不亮	不响	运行正常
实验按钮动作	闪光	响	动作实验、检查

2) 区别第一原因的闪光信号报警系统运行状态

有的工艺过程或生产设备上同时设置有几个不同参数的信号报警。当出现生产事故时，为了能够及时找出原发性的故障，即第一原因事故，以便于分析和及时处理。因此，出现了能区别第一原因的信号报警系统。具体动作见表4-7-2。

表4-7-2 区别第一原因的闪光信号报警系统运行状态

过程状态	第一原因显示器/灯	其他显示器/灯	音响器	备注
正常	不亮	不亮	不响	
第一报警信号输入	闪光	平光	响	有第二报警信号输入
按动确认按钮	闪光	平光	不响	
报警信号消失	不亮	不亮	不响	运行正常
实验按钮动作	亮	亮	响	动作实验、检查

3) 区别瞬时原因的闪光信号报警系统运行状态

生产过程中发生的瞬时突发性的越限事故往往潜伏着更大的事故。为了避免这种隐患扩大，就出现了能区别瞬时原因的信号报警系统。该信号系统的自保持环节，能够分辨出瞬时原因造成的瞬时故障。具体动作见表 4-7-3。

表 4-7-3　区别瞬时原因的闪光信号报警系统运行状态

过程状态		显示器/灯	音响器	备注
正常		不亮	不响	
报警信号输入		闪光	响	
确认 （消音）	瞬时事故	不亮	不响	
	持续事故	平光	不响	
报警信号消失		不亮	不响	无报警信号输入
实验按钮动作		亮	响	动作实验、检查

三、联锁系统的设计

联锁保护系统的作用是当生产一旦出现事故时，为确保人身与设备的安全，要迅速使被控过程按预先设计好的程序进行操作，以便使其停止运转或转入"保守"运行状态。

1. 联锁系统的组成

联锁系统由传感器、音响、灯光显示器件、检查与复位器件和联锁动作的执行器组成。

1）传感器

（1）发出过程参数联锁信息的传感器，应单独设置。其性能必须可靠，动作精度应满足要求，重现性好。

这是由于联锁动作出现在紧急情况，因此要求联锁动作产生的信息源必须来自独立、可靠的传感器。

（2）联锁传感器的取源点，应设置在能正确代表过程参数或状态的恰当部位。

传感器安装位置、所测量的过程参数应具有代表性，并防止由于外部干扰而发出错误信息。

宜选用常闭接点作为联锁接点，它具有固有的停电安全性能。

（3）重要的联锁参数，宜设置双重或三取二发讯传感器；不宜采用带输出接点的二次仪表作为联锁传感器信号源。

设置双重式三取二发讯传感器，是为了确保联锁系统的可靠性。许多国外工程公司要求设计联锁系统时，采用冗余技术，如图 4-7-1 所示。即使选用可编程逻辑控制器或集散控制系统构成时，也不例外。

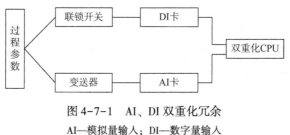

图 4-7-1　AI、DI 双重化冗余

AI—模拟量输入；DI—数字量输入

2）音响、灯光显示器件

一般联锁系统的音响、灯光显示器件可以与信号报警系统共用。重要的过程联锁参数，可设置单独的音响、灯光显示器件。

联锁系统声光显示器件的设计要求与信号报警系统相同，但传动设备的启动或停车联锁，宜设置预告声光显示信号。

由 DCS/PLC 系统构成的联锁系统，应选用阴极射线管作为显示环节。必要时，可使用规定语音发出联锁动作的警告声响，或利用其存储及画面显示功能，提供紧急事故处理方案，以避免误操作。

语音报警实际上已有使用，实质上是语音应答技术，这样操作者既可眼见耳听联锁动作报告，又可及时用手处理联锁动作。

3）检查与复位器件

联锁系统应设置可对其功能进行检查的设施。鉴于联锁系统在正常生产时是不动作的，无法知道线路是否有问题，所以应设置检查与复位功能。

重要的联锁系统应设置手动复位开关，当联锁动作后进行复位，以保证系统再次投运。其复位开关可以在现场，也可以设置在联锁执行器上。

4）联锁动作的执行器

联锁系统的执行器，一般选用电动执行器，如电磁阀、电动阀或电动机。在无电源场所或某些特殊场合，不能使用电动执行器时，应选用气动或液压装置。

2. 联锁系统设计要点

（1）联锁系统的设计必须保证其可靠性、安全性，还应满足以下要求：

① 当过程参数越限时，执行预定的联锁动作；

② 正确实施运转设备的保护性联锁动作；

③ 能按预定的程序或时间顺序进行工艺过程及设备的保护性操作。

这条是联锁系统设计的基本出发点，即应满足过程或设备操作控制的要求。在 API RP550 中也提到了必需的可靠性，其可靠的程度取决于一旦系统失常（发生故障）时所承担的危险程度，即对人身危险、设备损坏以及产品损失的价值；可靠性指在联锁动作的条件出现时，能够切实正确地动作。安全性指在各种条件下不出现误动作。一个好的联锁系统设计应在安全性和动作的确切性之间有适当的协调。这常常是设计优良并结合模拟实验广泛试验得出来的，是理论与实践结合的产物。有些复杂的联锁还是从"惨重的教训"中总结出来的，它远比一般的自动调节系统难设计。设计联锁系统必须对石油化工过程有透彻的了解。

（2）联锁系统应配备稳定的、不间断的能源供给系统。

（3）同一能源驱动的元件。

同一生产装置的联锁系统应尽量选用同一能源驱动的元件，减少转换环节，保证可靠性。

减少转换环节，可以提高联锁系统的可靠性。转换环节过多而繁杂的联锁系统，形似可靠，从另一面看也就是增加了危险故障的因素。

同一联锁系统，多了不同驱动能源的转换器件，必然降低可靠性和安全性。联锁点设置过多或过少，同样都是有害的。

(4) 联锁系统的选型。

对于简单的联锁要求，可选用触点式继电器构成的联锁系统；当联锁系统较复杂时，或因工艺过程要求联锁动作需随过程运行状况进行调整时，宜选用由 PLC 或 DCS 构成的联锁系统。若受输出负载的限制，也可采用由继电器与 PLC 或 DCS 混合构成的联锁系统。

若联锁系统用继电器数量多，必然焊接连线多。如用 PLC 或 DCS，则可以发挥其软件优势，节省空间，寿命长，简化连线；还可以不断修改完善联锁系统，这时当然是以选用 PLC 或 DCS 组成的联锁系统为宜，而如果采用继电器系统，只有重新接线，才能改动联锁系统。

当负载较大时，PLC 或 DCS 的输出负载目前通常限制在2A 或3A，而继电器可用在大于5A 负载，所以在这种条件下选用继电器输出的 PLC、DCS 混合系统可兼顾两者优点。

(5) 相对重要的联锁系统。

设置预报警信号，也可根据过程要求设置识别仪表故障的失谐报警，能区别第一事故、瞬时事故的报警和联锁解除环节。

设置预报警值应定在联锁动作前，使操作者有可能采取调整措施，防止联锁动作。

失谐报警设置在用两套仪表发出同一联锁值的系统中，当两套仪表由于仪表本身失灵而检测结果不一致时，发出声、光报警信号，但联锁不动作。

(6) 延时设施。

对于工艺参数存在脉动工况的过程，其联锁系统设计时，宜考虑采用联锁动作延时设施。

在脉动工况下，为防止因过程参数脉动造成的联锁动作而带来的不必要停车，联锁继电器采用延时设施，在延时范围内，脉动工况不会造成联锁停车。因为大型石油化工装置停车一次，不仅经济损失巨大，而且易造成设备的损坏。

3. 联锁系统设计的特殊功能要求

由于石油、化工生产过程的特殊要求，联锁系统设计中可增加特殊环节，常见的有以下形式。

1) 联锁投用和解除开关

必要时可设置手动投用和解除开关，这些开关宜装设在独立的箱柜内。对特别重要的联锁参数，应设计由专用钥匙才能打开的联锁开关，此开关的动作宜用规定色彩的标识信号灯显示，通常应装设在操作者易接近的仪表盘正面或相宜位置。

2) 联锁系统人工紧急投用

当石油化工过程或设备发生越限危急状态，能引起人身设备事故时，则应设置实施人工紧急投用联锁的按钮，进行保护性停车。

3) 分级联锁系统

石油化工生产中相互关联的装置，按过程要求可设置分级联锁系统。

设计分级联锁系统，应从系统工程的观点分析石油化工过程，研究上游、下游装置之间的物料平衡和热量平衡，以及可靠性和安全性，必须做到慎之又慎，万无一失。

国内外刚刚起步的化工过程故障诊断专家系统，就是要研究解决这类技术问题。

4）联锁系统的通信联络设施

石油化工装置的上、下游相关过程所配置的重要联锁系统，基于确保操作过程的要求，宜设置直接通信联络设施。

4. 环境防护设施及其他装置

（1）联锁装置宜设置在独立的箱柜内。箱柜应考虑热量的散发，避免温度过高；若环境温度低于-5℃，应设计保温设施。

（2）联锁装置的安装场所，应满足：

① 远离有害气体及存在腐蚀、易燃、易爆物料的地方；

② 尽量避免在潮湿、雷击区，否则应加防护措施；

③ 尽量远离强振源、强电磁干扰源，否则应加防护措施。

第八节 工程化设计

一、工程设计的目的和主要内容

1. 工程设计的目的

过程控制系统的工程设计是指用图样资料和文件资料表达控制系统的设计思想和实现过程，并能按图样施工。设计文件和图样一方面要提供给上级主管部门，以便对该建设项目进行审批，另一方面则作为施工建设单位进行施工安装的主要依据。因此，工程设计既是生产过程自动化项目建设中的一项极其重要的环节，也是自动化类专业的学生强化工程实际观念，运用过程控制工程的知识进行全面综合训练的重要实践过程。

过程控制系统的工程设计要求设计者既要掌握大量的专业知识，还要懂得设计工作的程序。换句话说，既要掌握控制工程的基本理论，又要熟悉自动化技术工具（控制、检测仪表）及常用元件材料的性能、使用方法及型号、规格、价格等信息，还要学习本专业的有关工程实践知识，如工程设计的程序和方法、仪表的安装和调校等。为达此目的，需要设计者大量查阅有关文献资料，从中学习工程设计的方法和步骤，训练和提高图纸资料和文件资料的绘制和编制能力。

过程控制系统的工程设计，不管具体过程和控制方案如何，其基本的设计程序和方法都是相似的。我国在20世纪70—90年代分别制定了有关控制工程设计的施工图内容及深度的规定，是自动化专业人员进行控制工程设计的指导性文件，必须认真学习并在实践中加以贯彻。

2. 工程设计的主要内容

过程控制系统工程设计的主要内容包括：（1）在熟悉工艺流程、确定控制方案的基础上，完成工艺流程图和控制流程图的绘制；（2）在仪表选型的基础上完成有关仪表信息的文件编制；(3)完成控制室的设计及其相关条件的设计；(4)完成信号联锁系统的设计；(5)完成仪表供电、供气系统图和管线平面图的绘制，以及控制室与现场之间水、电、气(汽)管线布置图的绘制；(6)完成与过程控制有关的其他设备、材料的选用情况统计及安装材料表的编制；(7)完成抗干扰和安全设施的设计；(8)完成设计文件的目录编写等。

二、工程设计的具体步骤

1. 立项报告的设计

立项报告设计的目的是给上级主管部门提供项目审批的依据，并为订货做好必要的准备。立项报告的设计也分两步进行。

1) 设计前的准备工作

为了使设计的立项报告科学合理、切实可行，能够比较顺利地被审批通过，必须认真做好设计前的准备工作。

(1) 调查研究。对所承担的具体设计项目，首先应进行认真深入的调查研究，全面了解国内外同类项目目前的自动化程度、现状及发展趋势，尤其是国内同类企业的自动化发展状况，以便从中吸取有益的经验与教训。

(2) 规划目标。根据企业的经济、技术现状，规划设计项目的总体思路与设想，提出质量总目标、分目标及创优规划，避免不切实际的"高、精、尖"做法。

(3) 收集资料。收集与项目设计有关的参考图样、设计文本以及一系列设计手册和规范标准，作为设计时的参考依据。

2) 立项报告的设计内容

立项报告的设计工作主要体现在以下几个方面：

(1) 系统控制方案的论证与确定，所用仪表的选型，电源、气源供给方案的论证与确定，控制室的平面布置和仪表盘的正面布置方案的论证与确定，工艺控制流程图的绘制等。

(2) 说明采用了哪种技术标准与技术规范作为设计的依据。

(3) 说明设计的分工范围，即哪些内容由企业人员自行设计，哪些内容由制造厂家设计，哪些内容由协作单位设计等。

(4) 说明所设计的控制系统在国际、国内同行业中的自动化水平，以及新工艺、新技术的采用情况等。

(5) 提供仪表设备汇总表、材料清单，以及主要的供货厂家、供货时间与相应的价格，并和概算专业人员共同做出经费预算及使用情况的说明等。

(6) 提出参加该项工作的有关人员和完成该项工作所需时间，以及存在的问题、解决的办法等。

(7) 预测所设计的控制系统投入正常运行后所产生的经济效益。

2. 施工图的设计

当立项报告设计的审批文件下达后，即可进行施工图的设计。施工图是施工用的技术文件与图样资料，必须从施工的角度解决设计中的细节部分。图样的详略程度可根据施工单位的情况而定，有的要详细，有的则可简单些。现以常规仪表控制系统和集散控制系统（DCS）为例，简要介绍施工图的设计内容。

1）常规仪表控制系统施工图的设计

常规仪表控制系统施工图设计的文件种类很多，这里仅将主要内容分述如下：

（1）图样目录。图样目录应包括工程设计图、复用图及标准图，当不采用带位号的安装图时，仪表安装图应列入标准图类。

（2）说明书。说明书的内容应包括：

① 立项设计报告被审查批准的文件号，以及对立项设计报告中重要内容的修改意见；

② 设计所依据的标准和规范文件；

③ 施工安装所采用的安装规程及安装要求；

④ 仪表防爆、防腐、防冻等保护措施；

⑤ 成套采购及风险说明；

⑥ 设计人员需要特殊说明的问题等。

（3）设备汇总表。设备汇总表反映了所选用仪表的类型、规格、数量、制造厂家、安装地点等详细内容。它是投资概算、设备订货的依据。汇总表必须按类别、次序填写。

（4）设备装置数据表。这类表格种类虽多，但主要是指调节阀、节流装置、传感器及各种附件的数据表。这类表格必须根据每一设备装置的特征数据进行填写。特征数据指能满足设计计算的需要而必须具备的数据，如调节阀的数据表应填写阀门类型、公称通径、阀座直径、导向、阀体各部分材质、泄漏等级、流量特性等，这些数据都是系统设计计算时不可缺少的，必须认真填写。

（5）材料表。该表主要有综合材料表和电气设备材料表。前者主要统计仪表盘成套订货以外的仪表、装置所需要的管路及安装用材料，后者则用来统计仪表盘成套订货以外的电气设备材料。

（6）连接关系表。该表主要有电缆表和管缆表。前者用来表明各电缆的连接关系，因而在表中必须标明电缆编号、型号、规格、长度及保护管规格、长度等；后者则用来表明各气动管缆的连接关系，表中只需标明管缆的编号、型号、规格、长度即可。

（7）测量管路和绝热、伴热方式表。前者表明各测量管路的起点、终点、规格、材料和长度；后者是在管路需要绝热伴热时，表示其绝热或伴热方式、被测介质的名称、温度及安装图等。

（8）铭牌注字表。该表列有各仪表及电气设备的铭牌注字内容。

（9）信号原理图。信号原理图分为信号联锁原理图和半模拟盘信号原理图。前者应注明所有电气设备、元件及触点的编号和原理图接点号，并列表说明各信号联锁回路的工艺要求和作用，注明联锁时的工艺参数，当用可编程逻辑控制器构成信号联锁系统时，应明确提出程序的条件，并用文字或程序框图加以说明；后者表明半模拟盘信号灯回路的动作原理。

（10）平面布置图。平面布置图主要包括控制室仪表盘正面布置总图、仪表盘正面布置图、架装仪表布置图、报警器灯屏布置图、半模拟盘正面布置图、继电器箱正面布置图、控制室内外电(管)缆平面布置图等。上述图样在绘制时，必须注明绘制所用的是几号图样和比例尺度；图中所有设备、元件、管线及测量点等，都必须注明它们的特征参数，如型号规格、编号、安装位置和尺寸大小等。

(11) 接线(管)图。接线(管)图的种类很多，主要有总供电箱接线图、分供电箱接线图、仪表回路接线图、报警回路接线图、接线箱接线图、仪表回路接管图、空气分配器接管图及各种端子图，如仪表盘、半模拟盘、继电器箱的端子图等。上述各种接线(管)图的共同要求是除必须注明仪表与仪表之间的连接关系外，还必须注明连接端子的编号、接头号、所在设备的位号、去向号等。必要时，还要编制有关目录表和材料表。

(12) 空视图。空视图是按比例以立体的形式绘制，主要有仪表供气(汽)空视图和伴热保温供气(汽)空视图。绘制时应标明供气(汽)管路的规格、长度、管高、坡度，以及管路上的切断阀、排放阀等。

(13) 安装图。安装图主要有(带位号的)安装图和非标准部件安装制造图。安装图需标明安装方式、仪表位号及制造图等。

(14) 工艺管道和仪表流程图。绘制该图时，应符合 HG/T 20505—2014《过程测量与控制仪表的功能标志及图形符号》和 HG/T 20637.2—2017《自控专业工程设计用图形符号和文字代号》的规定。

(15) 接地系统图。接地系统图要求绘出控制室仪表工作接地和保护接地系统，图中应注明接地分干线的规格和长度，并编制材料表。

(16) 任选图的设计(略)。

2) 集散控制系统(DCS)施工图的设计

集散控制系统施工图的设计主要内容如下：

(1) 文件目录。文件目录应列出采用集散控制系统工程设计项目的全部技术文档文件和图样目录。前者包括回路名称及说明、网络组数据文件、联锁设计文件、流程图设计书、软件设计说明书、硬件及设备清单和系统操作手册等；后者包括各种图表的名称、图幅、张数等。

(2) 集散控制系统技术规格说明书。集散控制系统技术规格说明书应包括工程项目简介、厂商责任、系统规模、功能、硬件、性能要求、质量、文件交付、技术服务与培训、质量保证、检验及验收、备品备件与消耗品以及计划进度等。

(3) 集散控制系统 I/O 表。集散控制系统 I/O 表应包括集散控制系统监视、控制仪表的位号、名称，输入、输出信号及地址分配，安全栅和电源等。

(4) 联锁系统逻辑图。联锁系统逻辑图是用逻辑符号表示的联锁系统关系图，主要有输入、输出和逻辑功能等。

(5) 仪表回路图。该图采用图形符号表示检测或控制回路的构成，并要注明所用仪器设备名称及其端子号和连接关系等。

(6) 控制室布置图。控制室布置图要表示出控制室内所有仪表设备的安装位置。

(7) 端子配线图。端子配线图要表示出控制室内所有仪表设备的输入与输出端子的配线规格与种类。

（8）电缆布置图。电缆布置图要表示控制室内电缆及桥架的安装位置、标高和尺寸；进控制室的电缆桥架安装固定的倾斜度、密封结构以及电缆排列和编号等。

（9）仪表接地系统图。仪表接地系统图要表示控制室和现场仪表的接地系统，包括接地点位置、接地电缆的敷设，以及规格、数量和接地电阻的大小等。

（10）集散控制系统监控数据表。该数据表应标出检测控制回路的仪表位号、用途、测量范围、控制与报警的设定值、控制器的正（反）作用与参数、阀的正（反）作用及其他要求等。

（11）集散控制系统配置图。集散控制系统配置图用图形和文字表示集散控制系统的结构与组成，并附输入、输出信号的种类与数量以及其他硬件配置等。

（12）端子（安全栅）柜布置图。端子（安全栅）柜布置图应表示出接线端子排（安全栅）在柜中的正面布置。标明相对位置的尺寸、安全栅的位号、端子排的编号，以及设备材料表和端子柜的外形尺寸等。

（13）机房设计。根据系统性能规范中关于环境的要求和其他相关部门的设计人员共同完成。其主要内容包括控制室位置的确定、控制室建筑要求的设计、控制室房间的配置及室内设备平面布置图的设计、控制室内环境要求（如温度、湿度、洁净度、照明度等要求）的设计、办公室与维修室的布局设计、电缆的敷设方式及屏蔽设计、供电电源及接地要求的设计、地板结构和防火要求设计等。

（14）集散控制系统组态文件的设计。组态文件包括工艺流程显示图、集散控制系统操作组分配表（如工作站、工程师站、过程站的站号和 I/O 卡件号）、集散控制系统趋势组分配表、网络组态数据文件表（包括输入处理、算法、量程、工程单位及内部仪表参数等）、集散控制系统生产报表、组态（如画面组态、控制回路组态、数据库组态等）、软件设计说明书、系统操作手册等。

上述施工图的设计内容是原则性、概要性的。某一具体项目实际施工图的内容，尚需根据项目的规模大小、复杂程度、指标要求、厂商提供的资料等进行适当的增减，决不能不切实际地生搬硬套，使设计的施工图给施工单位、供货单位和生产单位造成诸多不便，更不能出现错误，以免造成不必要的损失或灾难性的后果。

三、控制系统的抗干扰和接地设计

仪表及控制系统的干扰是普遍存在的，若不对仪表或系统存在的干扰采取措施加以消除，轻者会影响仪表或系统的精度，重者会使其无法工作，甚至会造成安全事故。因此，分析干扰的来源，采取相应的消除措施，也是工程设计的一项重要内容。

1. 干扰的来源

仪表及控制系统的干扰主要来自以下几个方面。

1）电磁辐射干扰

电磁辐射干扰主要是由雷电、无线电广播、电视、雷达、通信以及电力网络与电气设备的暂态过程而产生的。电磁辐射干扰的共同特点是空间分布范围广，强弱差异大，性质比较复杂。

2）引入线传输干扰

这类干扰主要通过电源引入线和信号引入线传输给仪表和系统，它们大多分布在工业现场。

（1）电源引入线传输干扰。工业控制机系统的正常供电电源均由电网供电。一方面，电网会受到所有电磁波的干扰而在线路上产生感应电压和电流；另一方面，电网内部的变化（如开关操作，大型电力设备的启、停，电网短路等）也会产生冲击电压和电流。所有这些干扰电压和干扰电流都将通过输电线路传至电源变压器的一次侧，如果不采取有效的防范措施，往往会导致工业控制机系统发生故障。

（2）信号引入线传输干扰。信号引入线的干扰通常有两种来源：一是电网干扰通过传感器供电电源或共用信号仪表（配电器）的供电电源传播到信号引入线上；二是直接由空间电磁辐射在信号引入线上产生电磁感应。信号引入线传输干扰会引起 I/O 接口工作异常和测量精度的降低，严重时还会引起元器件的损伤或损坏。

3）接地系统的干扰

工业控制系统存在多种接地方式，其中包括模拟地、逻辑地、屏蔽地、交流地和保护地等。接地系统混乱会使大地电位分布不均，导致不同接地点之间存在电位差而产生环路电流，影响系统正常工作。

4）系统内部干扰

这类干扰主要由系统内部元器件相互之间的电磁辐射产生，如逻辑电路相互辐射及对模拟电路的影响，模拟地与逻辑地的相互不匹配使用等。

2. 抗干扰措施

针对上述种种干扰，通常采用隔离、屏蔽、滤波和避雷保护等抗干扰措施。

1）隔离

隔离的方法很多，其中最常用的是可靠的绝缘、合理的布线和采用合适的隔离器件（如隔离变压器、光耦合隔离器）等。可靠的绝缘指导线绝缘材料的耐压等级、绝缘电阻必须符合规定；合理布线指通过不同的布线方式，尽量减少干扰对信号的影响。例如，当动力线与信号线平行敷设时，两者之间必须保持一定的间距；两者交叉敷设时，应尽可能垂直；当电线需要导管时，不能将电源线和信号线以及不同幅值的信号线穿在同一导管内；当采用金属汇线槽敷设时，不同信号幅值的导线、电缆与电线需用金属板隔开。对于供电电源，常用的隔离方法是采用隔离变压器隔断其与电力系统的电气联系。

2）屏蔽

屏蔽是用金属导体将被屏蔽的元件、组合件、电路、信号线等包围起来。例如，在信号线外加上屏蔽层，或将导线穿过钢制保护管，或敷设在钢制加盖汇线槽内等。这种方法对抑制电容性噪声耦合特别有效。应当注意，非磁性屏蔽体对磁场无屏蔽效果。除了采用磁性体屏蔽外，还可用双绞线代替两根平行导线以抑制磁场的干扰。

3）滤波

对于由电源线或信号线引入的干扰，可设计各种不同的滤波电路进行抑制。例如，在

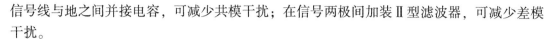

信号线与地之间并接电容，可减少共模干扰；在信号两极间加装Ⅱ型滤波器，可减少差模干扰。

4）避雷保护

避雷保护的方法通常是将信号线穿在接地的金属导管内，或敷设在接地的、封闭的金属汇线槽内，使因雷击而产生的冲击电压与大地短接。对于易受雷击的场所，最好在现场安装避雷器；对于备用的多芯电缆，也应使其一端接地，以防止雷击时感应出高电压。

3. 接地系统及其设计

在上述种种抗干扰措施中，有相当部分是和接地系统有关的，因而有必要对接地系统的作用和设计方法进行讨论。

1）接地系统的作用及类型

接地系统的主要作用是保护人身与设备的安全和抑制干扰。不良的接地系统，轻者使仪表或系统不能正常工作，重者则会造成严重后果。

接地系统的类型主要分为保护性接地和工作接地两类。

（1）保护性接地。

保护性接地指将电气设备、用电仪表中不应带电的金属部分与接地体之间进行良好的金属连接，以保证这些金属部分在任何时候都处于零电位。

在过程控制系统中，需要进行保护性接地的设备有仪表盘(柜、箱、架)及底盘，各种机柜、操作站及辅助设备，配电盘(箱)，用电仪表的外壳，金属接线盒、电缆槽、电缆桥架、穿线管、铠装电缆的铠装层等。

一般情况下，24V直流供电或低于24V直流供电的现场仪表、变送器、就地开关等无须做保护性接地。

（2）工作接地。

正确的工作接地可抑制干扰，提高仪表的测量精度，保证仪表系统能正常可靠地工作。工作接地又可分为信号回路接地、屏蔽性接地和本质安全接地。

信号回路接地指由仪表本身结构所形成的接地和为抑制干扰而设置的接地。前者如接地型热电偶的金属保护套管和设备相连时，则必须与大地连接；后者如DDZ-Ⅲ仪表放大器公用端的接地等。

屏蔽性接地指对电缆的屏蔽层、排扰线、仪表外壳、未做保护接地的金属导线(管)、汇线槽，以及强雷击区室外架空敷设的多芯电缆的备用芯线等所做的接地处理。

本质安全接地指本质安全仪表系统为了抑制干扰和具有本质安全性而采取的接地措施。

2）接地系统的设计

接地系统的设计内容主要包括以下几个方面：

（1）接地系统图的绘制。

接地系统如图4-8-1所示。由图4-8-1可知，它一般由接地线(包括接地支线、接地分干线、接地总干线)、接地汇流排、公用连接板、接地体等几部分组成。

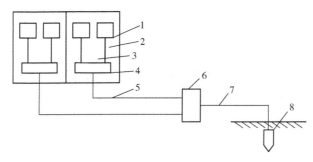

图 4-8-1　接地系统示意图

1—仪表；2—表盘；3—接地支线；4—接地汇流盘；5—接地分干线；

6—公用连接板；7—接地总干线；8—接地体

（2）接地连接方式的确定。

接地连接方式主要根据接地系统的类型分为保护性接地方式、工作接地方式和特殊要求接地方式。

① 保护性接地方式指将用电仪表、可编程逻辑控制器、集散控制系统、工业控制机等电子设备的接地点直接和厂区电气系统接地网相连。

② 工作接地(包括信号回路与屏蔽接地)需根据不同情况采取不同的接地方式。

a. 当厂区电气系统接地网接地电阻较小、设备制造厂又无特殊要求时，工作接地可直接与电气系统接地网相连。

b. 当电气系统接地网接地电阻较大或设备制造厂有特殊要求时，应独立设置接地系统。

③ 特殊要求接地方式主要有：

a. 本质安全仪表应独立设置接地系统，并要求与电气系统接地网或其他仪表系统接地网相距 5m 以上。

b. 同一信号回路、同一屏蔽层或同一排扰线只能用一个接地点，否则会因地电位差的存在而形成的回路给仪表引入干扰；各仪表回路和系统也尽可能采用一个信号回路接地点，否则须用变压器耦合型隔离器或光电耦合型隔离器，将各接地点之间的直流信号回路隔离开。

c. 信号回路的接地位置随仪表的类型不同而有所不同。例如，接地型一次仪表在现场接地；二次仪表的信号公共线、电缆(线)的屏蔽层、排扰线等则在控制室接地；如果有些系统的信号回路、信号源和接收仪表的公共线都要接地，则需在加装隔离器后分别在现场和控制室接地。

（3）接地体、接地线和接地电阻的选择。

埋入地中并和大地接触的金属导体称为接地体；用电仪表和电子设备的接地部分与接地体连接的金属导体称为接地线；接地体对地电阻和接地线电阻的总和称为接地电阻。上述数值的选择是接地系统设计的重要内容之一。

① 接地电阻是接地系统的一个非常重要的参数，接地电阻越小，说明接地性能越好，接地电阻达到一定数值，系统就不能实现接地目的。接地电阻小到何种程度，受技术和经

济因素制约，因此有必要选择合适的数值。接地电阻值选择的方法：a. 保护性接地电阻值一般为4Ω，最大不超过10Ω。当设置有高灵敏度接地自动报警装置时，接地电阻值可略大于10Ω。常用电子设备的保护性接地电阻值应小于4Ω。b. 工作接地电阻值需根据设备制造厂的要求及环境条件确定，若制造厂无明确要求，设计者可按具体情况确定，一般为1~4Ω。若控制系统与电力系统共用接地体，则可采用与电气系统相同的接地电阻值。

② 接地线的选择方法：接地线应使用多股铜芯绝缘电线或电缆。其中，接地总干线、接地分干线和接地支线的截面积可分别选为 16~100mm²、4~25mm² 和 1~2.5mm²。工作接地的接地线应接到接地端子或接地汇流排。接地汇流排宜采用 25mm×6mm 的铜条，并设置绝缘支架支撑。

③ 为了满足系统接地电阻的要求，可将多个接地体用干线连接成接地网。接地体和干线一般用钢材，其规格可按表4-8-1选用。当接地电阻要求较高时，可选用铜材。对安装在腐蚀性较强场所的接地体和干线，应采取防腐措施或加大截面积。

总之，过程控制系统的工程设计涉及的内容既广泛又复杂，更多的内容还需结合具体工程项目进一步补充和完善，这里不再详细叙述。

表 4-8-1 接地体和接地网干线所用钢材规格

名称	扁钢	圆钢	角钢	钢管
规格	25mm×4mm	$\phi14~20mm$	30mm×30mm×4mm 40mm×40mm×4mm 50mm×50mm×5mm	45mm×3.5mm 57mm×3.5mm

第九节 系统投运、调试和整定参数

在完成工程设计、控制系统安装之前，应按照控制方案的要求检查和调试各种控制仪表和设备的运行状况，然后进行系统安装与调试，最后进行调节器的参数整定，使控制系统处于最优(或次优)状态。

一、系统投运和维护

不论是装置新建成或改建完成，或在装置全面检修之后，对于每个控制系统，在开车前必须做好下列检查工作。

(1) 检测元件、变送器、控制器、显示仪表、控制阀等必须通过检验，保证精确度要求。作为情况检查，还可进行一些现场校验。

(2) 各种接线和导管必须经过检查，保证连接正确。例如，孔板的上下游接压导管要与差压变送器的正负压输入端极性一致，热电偶的正负端与相应的补偿导线连接，并与温度变送器的正负输入端极性一致等。除了极性不得接反以外，对号位置都不应接错。引压和气动导管必须畅通，不得中间堵塞。

(3) 对流量测量中采用隔离液的系统，要在清洗好引压导管以后，灌入隔离液(封液)。

（4）控制器能否正确工作，要进行检查。正反作用、内外给定等开关要拨在正确位置。

（5）控制阀能否正确工作，也须检查。旁路阀及上下游截断阀是关闭还是打开，要搞正确。

（6）进行联动试验，保证各个环节能够组合成一个合适的反馈控制系统。例如，在变送器的输入端施加信号，观测显示仪表和控制器是否正常工作，再观察控制阀是否正确动作。

采用计算机控制时，情况与采用常规控制器时相似。配合工艺过程的开车，控制系统各组成部分的投运次序一般如下：

（1）检测系统投入运行。

温度、压力等检测系统的投运比较简单，开表方便。而对采用差压变送器的流量或液位系统，信号引出端的根部阀和差压变送器侧的平衡阀组应按如下顺序开启（参考图4-9-1）：

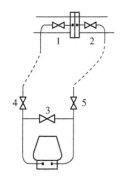

图4-9-1 差压变送器
的连接阀及管路
1, 2—根部阀；
3—平衡阀；4, 5—引压阀

① 打开阀门1和阀门2；

② 阀门3原来是开着的，阀门4和阀门5是关着的。打开正压引入线的阀门4，使变送器内膜片两侧受到相同的静压；

③ 关闭阀门3，然后再开阀门5。

这样做既可使变送器不会受到突然的压力冲击，膜片不会单向受压，又可保证灌入连接导管的隔离液不被冲走。

（2）阀门手动遥控。

过去有人认为宜先用手动旁路阀操作，然后转入控制阀手动遥控。实际上完全可以一开始就进行手动遥控，这样操作要方便得多。在操作的过程中，了解阀门在正常工况下的开度。

（3）控制器投运。

完成了以上两步，已能满足工艺开车的需要。待各个回路的工况稍微平稳后，可考虑逐一切入自动。

先检查控制器的正反作用等设置是否正确，然后将控制器参数置于合适的数值。到偏差为零时（对于在偏差存在时也能无扰动切换的形式，只要在偏差不大时），切入自动，观察调节过程曲线，如不够理想，对控制器参数继续整定，直到品质指标满意为止。

但是，也可能遇到调节品质一直达不到预定指标的情况，这可能是由于检查不细，有些组件的功能不合格，也可能是系统设计上的问题，例如控制阀口径过大或过小，或是简单控制系统结构不能满足具体工艺过程的需要。这时只好切回手动，并研究改进措施。

系统投运以后，基本任务是保持系统长期良好运行，保证生产安全，优质高产。为达到这一目的，要做好两方面的工作。

（1）定期、经常性地检查与处理。

如有些工厂采用查岗形式，经常检查；有些工厂定期进行现场检验或系统校验。除了正常维护保养以外，还要及时发现事故隐患。

（2）发生保障后的检查与处理。

预防可以减少事故的发生，但不大可能完全消除故障。一旦出现故障，需要及时、迅速、正确地分析与处理。下面提出几个观点和事例：

① 当检测系统发生越限报警信号时，应正确判断是工艺状况达到安全边界，还是检测系统失灵。例如，热电偶出现断偶报警信号时，温度指示值达到上限，但此时并非被测介质温度真的达到这样高的数值。不能正确区别导致错误的判断决策，如引起联锁停车，会带来经济损失。

② 当仪表指示值失常时，应正确分析是检测元件、变送器、连接导管方面有问题，还是工艺变量本身确乎有不正常工况。例如，某一装置发现某系统的流量无指示，于是对记录仪表、变送器、孔板、连接导管等一一进行现场检查，均无故障，最后才发现是管道内液体凝固，停止流动。

③ 当控制器输出失常时，也要从整个系统来分析。如果测量值不正常，问题一般是测量系统；如果测量值正常，则根源在控制器本身或在控制器输出端。例如，控制器输出端的气压上升特别缓慢，经查明是气动控制阀隔膜已裂开。

在正常维护水准下，阀门和检测元件是最易出现故障的部位。由于事物的复杂性，在诊断故障时不宜单按一台台仪表来分析，更须从框图上的信号通道来考虑。千万不能认为头痛一定是头部的疾病，而须从现象揭示本质。

二、参数的整定

调节器参数的整定方法除理论计算法外，主要有工程整定法、最佳整定法和经验法三种。其中，工程整定法又有临界比例度法、衰减曲线法和反应曲线法。

1. 临界比例度法

临界比例度法（又称稳定边界法）是一种闭环整定方法。由于该方法直接在闭环系统中进行，不需要测试过程的动态特性，其方法简单、使用方便，因而获得了广泛应用。

具体整定步骤如下：

(1) 先将调节器的积分时间 T_I 置于最大（$T_I = \infty$），微分时间 T_D 置零（$T_D = 0$），比例度 δ 置为较大的数值，使系统投入闭环运行。

(2) 待系统运行稳定后，对设定值施加一个阶跃变化，并减小 δ，直到系统出现如图 4-9-2 所示的等幅振荡为止。记录下此时的 δ_k（临界比例度）和等幅振荡周期 T_k。

(3) 根据所记录的 δ_k 和 T_k，按表 4-9-1 给出的经验公式计算出调节器的 δ、T_I 和 T_D 参数。

需要指出的是，采用这种方法整定调节器参数时会受到一定的限制，如有些过程控制系统，像锅炉给水系统和燃烧控制系统等，不允许反复进行振荡试验，就不能应用此法；再如某些时间常数较大的单容过程，当采用比例调节规律时根本不可能出现等幅振荡，此法也就不能应用。

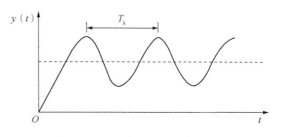

图 4-9-2　系统的临界振荡过程

表 4-9-1　临界比例度法的参数计算

调节规律 ＼ 整定参数	δ	T_I	T_D
P	$2\delta_k$		
PI	$2.2\delta_k$	$0.85T_k$	
PID	$1.8\delta_k$	$0.5T_k$	$0.13T_k$

此外，随着过程特性不同，按此法整定的调节器参数不一定都能获得满意的结果。实践表明，对于无自衡特性的过程，按此法整定的调节器参数在实际运行中往往会使系统响应的衰减率偏大（$\Psi>0.75$）；而对于有自衡特性的高阶等容过程，按此法确定的调节器参数在实际运行中又大多会使系统衰减率偏小（$\Psi<0.75$）。因此，用此法整定的调节器参数还需要做一些在线调整。

2. 衰减曲线法

衰减曲线法与临界比例度法相类似，所不同的是无须出现等幅振荡过程，具体方法如下：

（1）先置调节器积分时间 $T_I=\infty$，微分时间 $T_D=0$，比例度 δ 置于较大数值，系统投入运行。

（2）待系统运行稳定后，对设定值做阶跃变化，然后观察系统的响应。若响应振荡衰减太快，则减小比例度；反之，则增大比例度。如此反复，直到出现如图 4-9-3(a) 所示的衰减比为 4:1 的振荡过程，或者如图 4-9-3(b) 所示的衰减比为 10:1 的振荡过程时，记录下此时的 δ 值（设为 δ_s）和 T_s 值[图 4-9-3(a)]，或 t_p 值[图 4-9-3(b)]。

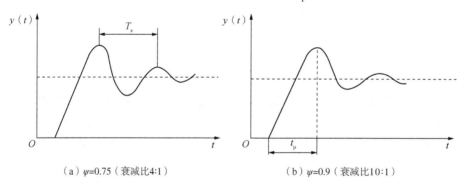

（a）$\psi=0.75$（衰减比4:1）　　　　（b）$\psi=0.9$（衰减比10:1）

图 4-9-3　系统衰减振荡曲线

T_s—衰减振荡周期；t_p—输出响应的峰值时间

（3）按表 4-9-2 中所给的经验公式计算 δ、T_I 和 T_D。

衰减曲线法适用于多数过程。该方法的最大缺点是较难准确确定 4:1（或 10:1）的衰减程度，从而较难得到准确的 δ_s 值和 T_s（或 t_p）值。尤其对于一些干扰比较频繁、过程变化较快的控制系统，如管道、流量等控制系统不宜采用此法。

表 4-9-2 衰减曲线法参数计算公式

衰减率 Ψ	调节规律	整定参数		
		δ	T_1	T_D
0.75	P	δ_s		
	PI	$1.2\delta_s$	$0.5T_s$	
	PID	$0.8\delta_s$	$0.3T_s$	$0.1T_s$
0.90	P	δ_s		
	PI	$1.2\delta_s$	$2t_p$	
	PID	$0.8\delta_s$	$1.2t_p$	$0.4t_p$

需要说明的是，临界比例度法与衰减曲线法虽然都是工程整定方法，但它们都不是操作经验的简单总结，而是有理论依据的。表 4-9-1 和表 4-9-2 中的计算公式都是根据自动控制理论，按一定的衰减率对系统进行分析计算，再对大量的实践经验加以总结而成的。

3. 反应曲线法

反应曲线法（动态特性参数法）是一种开环整定方法，即利用系统广义过程的阶跃响应曲线对调节器参数进行整定。具体做法：对于图 4-9-4 所示系统，先使系统处于开环状态，再在调节阀 $G_v(s)$ 的输入端施加一个阶跃信号，记录下测量变送环节 $G_m(s)$ 的输出响应曲线 $y(t)$。

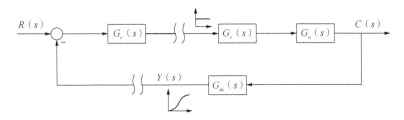

图 4-9-4 求广义过程阶跃响应曲线示意图

$R(s)$—设定值的拉氏变换式；$G_c(s)$—控制器的传递函数；$G_v(s)$—执行器的传递函数；

$G_o(s)$—对象控制通道的传递函数；$C(s)$—被控变量的拉氏变换式；$G_m(s)$—无纯滞后的传递函数

根据这个阶跃响应曲线将广义被控过程的传递函数近似表示为如下两种形式。

（1）对于无自衡能力的广义被控过程，传递函数可写为：

$$G'_o(s) = \frac{\varepsilon}{s}e^{-\tau s} \qquad (4-9-1)$$

（2）对于有自衡能力的广义被控过程，传递函数可写为：

$$G'_o(s) = \frac{K_0}{1+T_0 s}e^{-\tau s} = \frac{1/\rho}{1+T_0 s}e^{-\tau s} \qquad (4-9-2)$$

假设是单位阶跃响应，式（4-9-2）中各参数的意义如图 4-9-5 所示。

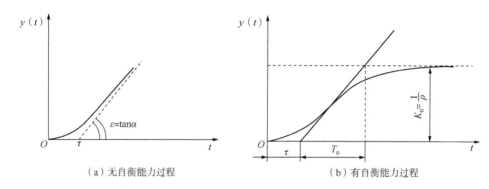

（a）无自衡能力过程　　　　　　　　（b）有自衡能力过程

图 4-9-5　广义过程的单位阶跃响应曲线

根据阶跃响应曲线求得广义被控过程的传递函数后，即可分别按表 4-9-3 和表 4-9-4 中的近似经验公式计算调节器的参数。

表 4-9-3　过程无自衡能力时的整定计算公式（$\Psi = 0.75$）

调节规律	$G_c(s)$	δ	T_I	T_D
P	$1/\delta$	$\varepsilon\tau$		
PI	$\left(1+\dfrac{1}{T_I s}\right)/\delta$	$1.1\varepsilon\tau$	3.3τ	
PID	$\left(1+\dfrac{1}{T_I s}+T_D s\right)/\delta$	$0.83\varepsilon\tau$	2τ	0.5τ

表 4-9-4　过程无自衡能力时的整定计算公式（$\Psi = 0.75$）

调节规律	$G_c(s)$	δ	T_I	T_D
P	$\dfrac{1}{\delta}$	$\dfrac{1}{\rho}\dfrac{\tau}{T_0}$		
PI	$\dfrac{1+\dfrac{1}{T_I s}}{\delta}$	$\dfrac{1.1}{\rho}\dfrac{\tau}{T_0}$	3.3τ	
PID	$\dfrac{1+\dfrac{1}{T_I s}+T_D s}{\delta}$	$\dfrac{0.85}{\rho}\dfrac{\tau}{T_0}$	2τ	0.5τ

在表 4-9-3 和表 4-9-4 中，没有给出 PD 调节器的整定参数。若需要，则可在 P 调节器参数整定的基础上确定 PD 调节器的整定参数，即先按照表 4-9-3、表 4-9-4 算出 P 调节器的 δ 值并设为 δ_p，再按式(4-9-3)和式(4-9-4)计算 PD 调节器的 δ 值和 T_D 值。

$$\delta = 0.8\delta_p \tag{4-9-3}$$

$$T_D = (0.25 \sim 0.3)\tau \tag{4-9-4}$$

反应曲线法是由齐格勒(Ziegler)和尼科尔斯(Nichols)于 1942 年首先提出的，之后经过多次改进，总结出较优的整定公式。这些公式均是以衰减率 $\Psi = 0.75$ 为其性能指标，其中广为流行的是柯恩(Cheen)—库恩(Coon)整定公式。

（1）P 调节器：

$$\frac{1}{\delta} = \frac{1}{K_0} \left[(\tau/T_0)^{-1} + 0.333 \right] \tag{4-9-5}$$

（2）PI 调节器：

$$\begin{cases} \dfrac{1}{\delta} = \dfrac{1}{K_0} \left[0.9(\tau/T_0)^{-1} + 0.082 \right] \\[3mm] \dfrac{T_I}{T_0} = \dfrac{3.33(\tau/T_0) + 0.3(\tau/T_0)^2}{1 + 2.2(\tau + T_0)} \end{cases} \tag{4-9-6}$$

（3）PID 调节器：

$$\begin{cases} \dfrac{1}{\delta} = \dfrac{1}{K_0} \left[1.35(\tau/T_0)^{-1} + 0.27 \right] \\[3mm] \dfrac{T_I}{T_0} = \dfrac{2.5(\tau/T_0) + 0.5(\tau/T_0)^2}{1 + 0.6(\tau + T_0)} \\[3mm] \dfrac{T_D}{T_0} = \dfrac{0.37(\tau/T_0)}{1 + 0.2(\tau + T_0)} \end{cases} \tag{4-9-7}$$

式中，τ、T_0 和 K_0 是式(4-9-2)广义被控过程传递函数的有关参数。

4. 三种工程整定方法的比较

上面介绍的三种工程整定方法都是通过试验获取某些特征参数，然后再按计算公式算出调节器的整定参数，这是三者的共同点。但是，这三种方法也有各自的特点。

（1）反应曲线法是通过系统开环试验、得到被控过程的典型特征参数之后，再对调节器参数进行整定的。因此，这种方法的适应性较广，并为调节器参数的最佳整定提供了可能；与其他两种方法相比，所受试验条件的限制也较少，通用性较强。

（2）临界比例度法和衰减曲线法都是闭环试验整定方法，它们都是依赖系统在某种运行状况下的特征信息对调节器参数进行整定的，其优点是无须掌握被控过程的数学模型。但是，这两种方法也都有一定的缺点，如临界比例度法对生产工艺过程不能反复做振荡试验，对比例调节是本质稳定的被控系统并不适用；而衰减曲线法在做衰减比较大的试验时，观测数据很难准确确定，对于过程变化较快的系统也不宜采用。

（3）从减少干扰对试验信息的影响考虑，衰减曲线法和临界比例度法都要优于反应曲线法。这是因为闭环试验对干扰有较好的抑制作用，而开环试验对外界干扰的抑制能力很差。因此，从这个意义上讲，衰减曲线法最好，临界比例度法次之，反应曲线法最差。

5. 最佳整定法

随着计算机仿真技术的发展，人们进一步发展了 $\Psi = 0.75$ 的最佳整定准则，即分别以 IAE、ISE 和 ITAE 为极小的最优化准则。对于式(4-9-2)所示的典型过程，通过计算机仿真，得到调节器参数最佳整定的计算公式：

$$\begin{cases} K_c = \dfrac{A}{K_0}\left(\dfrac{\tau}{T_0}\right)^B \\[3mm] K_c = \dfrac{T_0}{A}\left(\dfrac{T_0}{\tau}\right)^B \\[3mm] T_D = AT_0\left(\dfrac{\tau}{T_0}\right)^B \end{cases} \qquad (4-9-8)$$

式中，$K_c = 1/\delta$；A、B 的具体数值可由表 4-9-5 查得。

表 4-9-5　定值控制系统的最佳整定参数 A、B 的数值

判据	调节规律	调节作用	A	B
IAE	P	P	0.902	-0.985
ISE	P	P	1.411	-0.917
ITAE	P	P	0.904	-1.084
IAE	PI	P	0.984	-0.986
		I	0.608	-0.707
ISE	PI	P	1.305	-0.959
		I	0.492	-0.739
ITAE	PI	P	0.859	-0.977
		I	0.674	-0.680
IAE	PID	P	1.435	-0.921
		I	0.878	-0.749
		D	0.482	1.137
ISE	PID	P	1.495	-0.945
		I	1.101	-0.771
		D	0.560	1.006
ITAE	PID	P	1.357	-0.947
		I	0.842	-0.738
		D	0.381	0.995

以上是对于定质过程控制系统而言。若是随动系统，对应 P、D 调节的计算公式和式(4-9-8)完全一样(仅仅是 A、B 数值不同)，而 I 调节的计算公式则变为：

$$T_I = \frac{T_0}{A + B\left(\dfrac{\tau}{T_0}\right)} \qquad (4-9-9)$$

随动控制系统 A、B 的数值可由表 4-9-6 查得。

表 4-9-6　随动控制系统的最佳整定参数 A、B 的数值

判据	调节规律	调节作用	A	B
IAE	PI	P	0.758	−0.861
		I[①]	1.02	−0.323
ITAE	PI	P	0.586	−0.916
		I[①]	1.03	−0.165
IAE	PID	P	1.086	−0.869
		I[①]	0.740	−0.130
		D	0.348	0.914
ITAE	PID	P	0.965	−0.855
		I[①]	0.796	−0.147
		D	0.308	0.929

①该整定参数的计算公式与表 4-9-5 中不同。

6. 经验法

需要指出的是，无论采用哪一种工程整定方法所得到的调节器参数，都需要在系统的实际运行中，针对实际的过渡过程曲线进行适当的调整与完善。其调整的经验准则是"看曲线，调参数"：

（1）比例度 δ 越大，放大系数 K_c 越小，过渡过程越平缓，稳态误差越大；反之，过渡过程振荡越激烈，稳态误差越小。若 δ 过小，则可能导致发散振荡。

（2）积分时间 T_I 越大，积分作用越弱，过渡过程越平缓，消除稳态误差越慢；反之，过渡过程振荡越激烈，消除稳态误差越快。

（3）微分时间 T_D 越大，微分作用越强，过渡过程趋于稳定，最大偏差越小；但 T_D 过大，则会增加过渡过程的波动程度。

第五章　过程控制仪表概述

安全自动化仪表是由若干自动化元件构成的，具有功能较完善的自动化技术工具。它一般同时具有数种功能，如测量、显示、记录或测量、控制、报警等。安全自动化仪表本身是一个系统，又是整个自动化系统中的一个子系统。

过程控制仪表是实现工业生产过程自动化的重要工具，它被广泛地应用于石油、化工等各工业部门。在自动控制系统中，过程检测仪表将被控变量转换成电信号或气压信号后，除了送至显示仪表进行指示和记录外，还需送到控制仪表进行自动控制，从而实现生产过程的自动化，使被控变量达到预期要求。

过程控制仪表包括调节器、执行器和可编程调节器等各种新型控制仪表及装置，它们是实现工业生产过程自动化的核心装置。在过程控制系统中，参数检测仪表将被控量转换成电流（电压）信号或气压信号，一方面通过显示仪表对其进行显示和记录，另一方面则将其送往调节器与给定信号进行比较产生偏差，并按照一定的调节规律产生调节作用去控制执行器，以改变控制介质的流量，从而使被控量符合生产工艺要求。目前使用的调节器以电动调节器占绝大多数，而执行器则以气动为主，它们之间需要用电/气转换器进行信号转换。此外，智能式电动执行器将逐渐取代常规的气动执行器而成为执行器新的发展方向。

第一节　过程控制仪表的分类及特点

一、按使用能源分类

过程控制仪表按所使用能源的不同，可分为液动控制仪表、气动控制仪表、电动控制仪表和混合式控制仪表。

1. 液动控制仪表

液动控制仪表以高压油或水为能源，它也是发展得比较早的一类自动控制仪表，具有结构简单、工作可靠的特点，多用于功率较大的场合，例如火电厂的汽轮机调速系统和水电站中的调速系统。液动控制仪表的缺点是油容易渗漏，有产生火灾的危险，而且油的黏滞性使液动控制仪表不能远距离传送信号，加上体积大，难以实现快速控制、远距离控制和集中控制。

2. 气动控制仪表

气动控制仪表采用压缩空气为能源，具有结构简单、价格便宜、性能稳定、工作可靠、安全防爆、易于维修的特点，特别适用于石油、化工等有爆炸危险的场所。气动控制仪表已有几十年的历史，在 20 世纪 60 年代以前，它是工业自动化系统的主流控制仪表。由于气动信号传输速度的极限是声速，其传输距离短，因此，如果仪表过于大型化，中央控制室所发出的控制指令抵达被控对象附近有较大的时间延迟。气动控制仪表传输距离有限，并且对气源供气的可靠性和纯净度要求比较严格，需设置专用的气源，多个气动信号的叠加和处理也比较麻烦，这些是气动控制仪表的主要缺点。目前，气动执行器在各种控制仪表组成的各类控制系统中仍被广泛应用。

3. 电动控制仪表

电动控制仪表以电力作为能源，通常采用 220V 交流供电或 24V 直流供电，以电流或电压为传输信号。它是 20 世纪 60 年代才迅速发展起来的一种控制仪表，因电动控制仪表采用电信号，其传输速度的极限是光速，具有能源选取方便、信号传送快、无滞后、传输距离远的特点，是实现远距离集中显示和控制的理想仪表，并易于与计算机等现代技术工具联用。由于采用了直流低电压、小电流的安全火花电路及安全栅等措施，有效地解决了防爆问题，因而这类仪表同样能应用于易燃易爆的危险场所。但是，电动控制仪表也存在问题，就是电噪声的问题比较严重。为克服电噪声干扰，不得不采用极为复杂的电子线路。目前，电动控制仪表已成为工业生产过程实现自动控制的主流仪表，广泛地应用于电力、石油、化工、冶金、建材、轻工和交通等工业部门。

4. 混合式控制仪表

混合式控制仪表是同时使用两种或两种以上的能源进行工作，可以有效弥补不同能源形式仪表的不足。例如火电厂汽轮机的电液控制系统，既具有电动控制仪表易于实现各种复杂控制规律的特点，又具有液动控制仪表输出功率大的特点。

二、按结构形式分类

按结构类型，过程控制仪表可分为基地式控制仪表、单元组合式控制仪表、组件组装式控制仪表与集散控制装置等。

1. 基地式控制仪表

基地式控制仪表是以指示、记录仪表为主体，附加某些控制机构而组成。其测量、显示、控制和执行等部件组合成一个整体，放在一个表壳里，并安装在生产设备附近。但多数情况下是把这一整体分成两部分，即测量、显示和控制部件安装在一起，控制、显示和执行部件安装在一起。一个基地式控制仪表就能完成一个简单控制系统的测量、指示、记录、控制和执行等全部任务，具有结构简单、使用方便、可靠和经济等优点。

一个控制回路的构成需要有传感器、控制器和执行器，俗称控制三要素。20 世纪 50 年代前的基地式气动仪表就是把控制三要素就地安装在生产装置上。生产过程的控制回路有多少个，基地式控制仪表就需要有多少个（套），它们分散于生产现场，自成体系，实现一种自治式的彻底分散控制。其优点是危险分散，一台仪表故障只影响一个控制点；其缺点是只能实现简单的控制，操作工奔跑于生产现场巡回检查，不便于集中操作管理，只适用于几个控制回路的小型系统。

基地式控制仪表的整定参数范围较窄，使用的局限性较大，一般不能互换使用。而且这种基地式控制仪表成套性很强，若有某一功能结构损坏，就会使整套装置全部报废。基地式控制仪表被调参数的性质不能改变，因此，基地式控制仪表多适用于单参数、单回路的简单控制系统。目前常使用的 XCT 系列动圈式控制仪表和 TA 系列简易式调节器即属此类仪表。

2. 单元组合式控制仪表

单元组合式控制仪表是根据检测系统和控制系统中各组成环节的不同功能和使用要求，将整套仪表划分成能独立实现一定功能的若干单元，各单元之间采用统一信号进行联系。

我国广泛使用的单元组合式控制仪表有电动单元组合仪表［如 DDZ-I（电子管）、DDZ-H（晶体管）、DDZ-HI（集成运算放大器）、DDZ-S（微机芯片）型］和气动单元组合仪表（如 QDZ 型）。这两种仪表不仅可以各自灵活地组合成各种控制系统，还可以联合使用电动单元组合仪表，还能与巡回检测、数据处理装置及工业控制机等配合使用。因此在自动控制系统中，每一单元仪表损坏时，只需更换被损坏单元，其他单元可正常使用。这种控制仪表具有组成与改组系统方便、灵活和通用等特点，适合大中规模生产过程自动化的要求，因此，有人称这种控制仪表为积木式仪表。

但单元组合式控制仪表也存在缺点，因为单元组合仪表通常使用的是多个生产厂家提供的产品，使得工艺生产所需要的备品、备件品种繁多，为此会花费大量人力、物力，并且使得工艺生产在相当程度上依赖于仪表生产厂商。而且由于单元组合式控制仪表形成的系统控制策略采用的是硬接线，更改十分不便。另外，单元组合式仪表控制单元的 I/O 点有限，很难实现全过程和单元机组协调等复杂控制。

3. 组件组装式控制仪表

组件组装式控制仪表（或装置），是一种功能分离、结构组件化的成套仪表（或装置）。它以模拟器件为主，兼用了模拟技术和数字技术，将整套仪表的控制和运算功能与显示操作功能分开，整套仪表（或装置）在结构上由控制柜和操作台组成，控制柜内安装的是具有各种功能的组件板，高密度安装，结构紧凑，这是组件组装式控制仪表的显著特征。显示操作台是人—机联系部分，集中安装了与监视、操作有关的控制台装仪表。这种控制仪表（或装置）特别适用于要求组成各种复杂控制和集中显示操作的大中型企业的自动控制系统。

我国组件组装式控制仪表系列主要有自行研制的 TF 型和 MZ-D I 型，还有引进生产的 SPEC-200 型。但由于分散控制系统（DCS）的出现，这类控制仪表已经逐渐被淘汰。

4. 分散控制系统

分散控制系统是一种以微处理器和微型计算机为核心，在控制（Control）、计算机（Computer）、通信（Communication）、图像显示（CRT），即 4C 技术迅速发展的基础上研制成功的一种新型控制装置。DCS 具有纵向分层、横向分站的体系结构，它的设计思想是分散控制、集中管理，也称为集散（型）控制系统或分布式控制系统。

5. 现场总线控制系统

现场总线控制系统是诸多现场仪表通过现场总线互联及与控制室人—机界面组成的系统，它是一个全分散、全数字化、全开放和互操作的新一代生产过程控制系统，因为控制功能重新送回现场，所以每台现场仪表都是一个基地式控制仪表，并且通过现场总线与其他现场仪表和控制室人—机界面进行双向数字通信。

三、按信号形式分类

按信号随时间的变化是否连续，过程控制仪表可分为模拟控制仪表和数字控制仪表两大类。

1. 模拟控制仪表

模拟控制仪表的传输信号及其所处理的信号通常为连续变化的模拟量，如气压信号、直流电压信号或直流电流信号。这种仪表由于生产、使用的历史较长，并经历了多次的升级换代，如气动基地式仪表 DDZ-I、DDZ-H、DDZ-I、TF-900 和 MZ-EI。我国在模拟控制仪表的设计、制造和使用上均有较成熟的经验，长期以来，广泛应用于电力等其他工业部门。但进入 20 世纪 90 年代以后，除模拟变送器和执行器继续使用外，其他模拟控制仪表已基本上被数字控制仪表所取代，而且模拟变送器和执行器目前已开始被现场总线变送器和现场总线执行器所取代。

2. 数字控制仪表

数字控制仪表的外部传输信号有连续变化的模拟量和断续变化的数字量。但它内部处理的信号都是数字量，即直接输入的数字量或经模/数转换输入的数字量。这种仪表的特点是以微处理器为核心，模拟仪表和计算机一体化，模拟技术与数字技术混合使用，并保留了模拟控制仪表(调节器)的面板操作形式；其控制功能、运算功能由软件完成，编程技术采用模块化、表格化，并具有通信功能和自诊断故障功能。

十多年来，随着微电子技术和计算机技术的迅速发展，数字式控制仪表的各类品种相继问世，如单回路控制器、DDZ-S 型电动单元组合式仪表、可编程逻辑控制器、集散控制系统、现场总线控制系统等。这些仪表以微型计算机为核心，其功能完善、性能优越，能解决模拟控制仪表难以解决的问题，满足现代化生产过程的高质量控制要求，被越来越多地应用于生产过程自动化中。因为变送器和执行器相对控制器发展较慢，在生产现场多采用模拟式的，所以这类数字仪表(指可编程逻辑控制器和集散控制系统，但现场总线控制系统除外)大部分的输入要接收模拟信号，而输出则要转换为数字信号输出，属于半数字控制仪表，但按传统仍把它们划分在数字控制仪表内，只有现场总线控制系统中的现场总线仪表才是真正的数字控制仪表。

第二节　调　节　器

调节器的作用是把测量值和给定值进行比较，根据偏差大小，按一定的调节规律产生输出信号，推动执行器，自动调节生产过程。

一、调节器的类型

根据调节器的调节规律，即它的输出量与输入量(偏差信号)之间的函数关系，调节器一般可分为两位式调节器、比例调节器、微分调节器、积分调节器以及 PI、PD、PID 调节器。

1. 两位式调节器

两位式调节器是最简单的一种调节器，其输出仅根据偏差信号的正负，取 0 或 100% 两种输出状态中的一种，使用这种调节器的优点是执行器特别便宜，例如，用一只开关便可控制电炉的温度。但由于这种调节器的输出只有通、断两种状态，调节过程必然是一种不断上下变化的振荡过程，借助调节对象自身热惯性的滤波作用，使炉温的平均值接近于设定值，只能用于要求不高的场合。

2. 比例调节器

要使调节过程平稳准确，必须使用输出值能连续变化的调节器，并通过采用相应算法提高调节质量。实际上，工业生产中使用的绝大多数是输出量能连续变化的调节器。在这类调节器中，比例调节器是最简单的一种，其输出 $y(t)$ 随输入信号 $x(t)$ 成比例变化，若以 $G(s)$ 表示这种调节器的传递函数，则可表示为：

$$G(s) = \frac{Y(s)}{X(s)} = K_c \qquad (5-2-1)$$

式中，$G(s)$ 为比例调节器的传递函数；$Y(s)$ 为比例调节器输出信号的拉普拉斯变换式；$X(s)$ 为比例调节器输入信号的拉普拉斯变换式；K_c 为比例增益常数。

在自动调节系统中使用比例调节器时，只要被调量偏离其给定值，调节器便会产生与偏差成正比的输出信号，通过执行器使偏差减小。这种按比例动作的调节器对干扰有及时而有力的抑制作用，在生产上有一定应用。但它有一个不可避免的缺点——存在静态误差，一旦被调量偏差不存在，调节器的输出也就为零，即调节作用是以偏差的存在作为前提条件的，所以使用这种调节器时，不可能做到无静差调节。

3. 积分调节器

要消除静差，最有效的办法是采用对偏差信号具有积分作用的调节器，这种积分调节器的传递函数为：

$$G(s) = \frac{Y(s)}{X(s)} = \frac{1}{T_{is}} \qquad (5-2-2)$$

式中，$G(s)$ 为积分调节器的传递函数；$Y(s)$ 为积分调节器输出信号的拉普拉斯变换式；$X(s)$ 为积分调节器输入信号的拉普拉斯变换式；T_{is} 为积分时间常数。

积分调节器的突出优点是，只要被调量存在偏差，其输出的调节作用将随时间不断加强，直到偏差为零。在被调量的偏差消除以后，输出将停留在新的位置而不是回复原位，因而能保持静差为零。但是单纯的积分调节也有弱点，其动作过于迟缓，因而在改善静态准确度的同时，往往使调节的动态品质变坏，过渡过程时间延长，甚至造成系统不稳定。因此，积分调节器一般不单独使用。

4. 微分调节器

目前，除了使用上述调节规律外，还常使用微分调节规律。单纯的微分（Derivative）调节器的传递函数为：

$$G(s) = \frac{Y(s)}{X(s)} = T_{ds} \qquad (5-2-3)$$

式中，$G(s)$ 为微分调节器的传递函数；$Y(s)$ 为微分调节器输出信号的拉普拉斯变换式；$X(s)$ 为微分调节器输入信号的拉普拉斯变换式；T_{ds} 为微分时间常数。

从物理概念上看，微分调节器能在偏差信号出现或变化的瞬间，根据变化的趋势产生调节作用，使偏差尽快地消除于萌芽状态之中。同时，因为微分调节器的输出大小只与偏差变化的速度有关，当偏差固定不变时，无论其数值有多大，微分调节器都无输出，不能消除偏差，故亦很少单独使用。

5. PI/PD/PID 调节器

在实际生产中，通常将比例、积分、微分三种基本控制规律进行适当的组合，构成多种工业适用的调节器，包括比例积分（PI）、比例微分（PD）和比例积分微分（PID）调节器。

PI 调节器，即"比例+积分"作用的调节器，其传递函数可表示为：

$$G(s) = \frac{Y(s)}{X(s)} = K_c\left(1 + \frac{1}{T_{is}}\right) \qquad (5-2-4)$$

式中，$G(s)$ 为 PI 调节器的传递函数；$Y(s)$ 为 PI 调节器输出信号的拉普拉斯变换式；$X(s)$ 为 PI 调节器输入信号的拉普拉斯变换式；K_c 为比例增益常数；T_{is} 为积分时间常数。

PD 调节器，即"比例+微分"作用的调节器，其传递函数可表示为：

$$G(s) = \frac{Y(s)}{X(s)} = K_c(1 + T_{ds}) \qquad (5-2-5)$$

式中，$G(s)$ 为 PD 调节器的传递函数；$Y(s)$ 为 PD 调节器输出信号的拉普拉斯变换式；$X(s)$ 为 PD 调节器输入信号的拉普拉斯变换式；K_c 为比例增益常数；T_{ds} 为微分时间常数。

PID 调节器，即"比例+积分+微分"作用的调节器，其传递函数可表示为：

$$G(s) = \frac{Y(s)}{X(s)} = K_c\left(1 + \frac{1}{T_{is}} + T_{ds}\right) \qquad (5-2-6)$$

式中，$G(s)$ 为 PID 调节器的传递函数；$Y(s)$ 为 PID 调节器输出信号的拉普拉斯变换式；$X(s)$ 为 PID 调节器输入信号的拉普拉斯变换式；K_c 为比例增益常数；T_{is} 为积分时间常数；T_{ds} 为微分时间常数。

在 PID 调节器中，微分作用主要用来加快系统的动作速度，减小超调，克服振荡；积分作用主要用以消除静差。将比例、积分、微分三种调节规律结合在一起，既可达到快速敏捷，又可达到平稳准确，只要三项作用的强度配合适当，便可得到满意的调节效果。

二、调节器的其他功能

调节器除了对偏差信号进行各种控制运算外，一般还具备如下功能：

（1）偏差显示。调节器的输入电路接收测量信号和给定信号，两者相减后的偏差信号由偏差显示仪表显示其大小和正负。

（2）输出显示。调节器输出信号的大小由输出显示仪表显示，习惯上显示仪表也称为阀位表。阀位表不仅显示调节阀的开度，而且通过它还可以观察到控制系统受干扰影响后的调节过程。

（3）内、外给定信号的选择。当调节器用于定值控制时，给定信号常由调节器内部提供，称为内给定；而在随动控制系统中，调节器的给定信号往往来自调节器的外部，则称为外给定。内、外给定信号由内、外给定开关进行选择或由软件实现。

（4）正、反作用的选择。工程上，通常将调节器的输出随反馈输入的增大而增大时，称为正作用调节器；而将调节器的输出随反馈输入的增大而减小时，称为反作用调节器。为了构成一个负反馈控制系统，必须正确地确定调节器的正、反作用，否则整个控制系统将无法正常运行。调节器的正、反作用，可通过正、反作用开关进行选择或由软件实现。

（5）手动切换操作。调节器的手动操作功能是必不可少的。在控制系统投入运行时，往往先进行手动操作改变调节器的输出，待系统基本稳定后再切换到自动运行状态；当自动控制时的工况不正常或调节器失灵时，必须切换到手动状态以防止系统失控。通过调节器的手动/自动双向切换开关，可以对调节器进行手动/自动切换，而在切换过程中，又希望切换操作不会给控制系统带来扰动，即要求无扰动切换。

（6）其他功能。除了上述功能外，有的调节器还有一些附加功能，如抗积分饱和、输出限幅、输入越限报警、偏差报警、软手动抗漂移、停电对策等，所有这些附加功能都是为了进一步提高调节器的控制功能。

第三节　执　行　器

执行器在过程控制中的作用是接受来自调节器的控制信号，直接控制被控变量所对应的某些物理量，例如温度、压力和流量等参数，从而实现对被控对象的控制目的。因此，完全可以说执行单元是用来代替人的操作的，是工业自动化的"手脚"。

因为执行器直接与控制介质接触，常常在高温、高压、深冷、高黏度、易结晶、闪蒸、汽蚀等恶劣条件下工作，所以是过程控制系统的最薄弱环节。

一、执行器工作原理

从基本构成来说，执行器一般由执行机构和调节机构两部分组成。执行机构是执行器的推动装置，它按照调节器所给信号的大小，产生推力或位移；调节机构是执行器的调节部分，最常见的是调节阀，它受执行机构的操纵，改变阀芯与阀座间的流通面积，以达到最终调节被控介质的目的。

根据执行机构使用的能源种类，执行器可分为气动、电动和液动三种。其中，气动执行器以压缩空气为动力源，具有结构简单、工作可靠、价格便宜、维护方便、防火防爆等优点，在自动控制中应用最普遍，但缺点是响应时间慢。电动执行器以电动执行机构进行操作，其优点是能源取用方便，信号传输速度快，传输距离远；缺点是结构复杂、推力小、价格贵，适用于防爆要求不高及缺乏气源的场所。液动执行器的特点是推力最大，但在实际工业中几乎很少应用。

无论是气动执行器还是电动执行器，首先都需接受来自调节器的输出信号，以作为执行器的输入信号（即执行器动作依据）；该输入信号送入信号转换单元，转换信号制式后与反馈的执行机构位管信号进行比较，其差值作为执行机构的输入，以确定执行机构的作用方向和大小；执行机构的输出结果再控制调节器的动作，以实现对被控介质的调节作用，其中执行机构的输出通过位置发生器可以产生其反馈控制所需的位置信号。

二、气动执行器

气动执行器以压缩空气为动力，一般由气动执行机构和调节阀两部分组成，在工作条件差或调节质量要求高的场合，还配上阀门定位器等附件。

其工作原理为：气动执行器接收调节器的输出信号，由电气转换器转换成气压信号，经与位置反馈气压信号进行比较后输出供执行机构使用的气压信号，然后由气动执行机构按一定的规律转换成推力，使执行机构的推杆产生相应的位移，以带动调节阀的阀芯动作并产生位置反馈信号，最后再由调节阀根据阀杆的位移程度，实现对被控介质的控制作用。工作原理如图 5-3-1 所示。

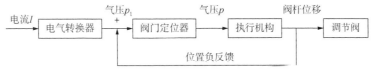

图 5-3-1　气动执行器工作原理示意图

1. 气动执行机构

目前使用的气动执行机构主要有薄膜式和活塞式两大类。

1）气动薄膜式执行机构

气动薄膜式执行机构主要由弹性薄膜、压缩弹簧和推杆组成，使用弹性膜片将输入气压转变为推力，由于结构简单、价格便宜，使用最为广泛。当信号压力通入薄膜气室后，在膜片上产生一个推力，使推杆下移压缩弹簧，直到弹管的反作用力与薄膜上的推力平衡为止。因此，这种执行机构的特性属于比例式。可以通过调整压缩弹簧的起始压力，来调整执行机构的工作零点。

按动作方式，薄膜式气动执行机构可分为正作用式和反作用式两种。信号压力增大，推杆向下动作的称为正作用式执行机构；信号压力增大，推杆向上动作的称为反作用式执行机构。与正作用式执行机构不同的是，反作用式执行机构的信号压力通入膜片的下方，在信号压力增加时推杆上移。

因膜片的弹性变化、弹簧的刚度变化及阀杆与填料之间的摩擦力等因素，使执行机构产生非线性偏差和正、反行程变差，需要通过阀门定位器的作用加以克服。

2）气动活塞式执行机构

气动活塞式执行机构在结构上是无弹簧的气缸活塞系统，以气缸内的活塞输出推力，气缸允许的操作压力很大，且相较薄膜式无弹簧反作用，故具有很大的输出力，是一种强力的气动执行机构，适用于高静压、高压差的场合。

气缸内的活塞随气缸两侧压差的变化而移动，按照动作方式，活塞式执行机构可分为二位动作和比例动作。二位动作就是根据通入活塞两侧的操作压力大小，由高压侧推向低压侧，使推杆由一个极端位置走到另一个极端位置。操作压力可以一侧固定，另一侧变化，也可以两侧都变化。比例动作就是执行机构的信号压力与推杆位移成比例，信号压力变化时，推杆成比例地在全行程范围内做相应的变化。若压力信号增加时，活塞带动推杆下移，称为正作用；若压力信号增加时，活塞带动推杆上移，称为反作用。

要实现比例动作，必须在活塞式执行机构上安装一个阀门定位器，通过阀门位置的反馈，使气缸的二位动作变成比例动作。

2. 阀门定位器

阀门定位器是气动执行器的辅助装置，与气动执行机构配套使用。它主要用来克服流过调节阀的流体作用力，保证阀门定位在调节器输出信号要求的位置上。

其主要作用如下：

（1）能够克服阀杆的摩擦力，从而提高信号和阀位之间的线性度，保证调节阀的正确定位。

（2）由于阀门定位器能够加快阀杆的移动速度，从而可以减少调节信号的传递滞后，改善调节系统的动态性能。

（3）因阀门定位器能够增大执行机构的输出力，在高压差、大口径、黏性流体等场合，可以克服介质对阀芯的不平衡力。

阀门定位器包括电/气阀门定位器和气动阀门定位器，输出的都是气压信号，但前者可直接接收调节器输出的直流电流信号，而后者的输入信号则是气压信号。

另外，还有数字式阀门定位器，与电/气阀门定位器不同之处在于，可以把控制阀的位移信号（数字）通过 HART 通信协议传到 DCS 系统或个人计算机中进行双向通信。

电/气阀门定位器按力矩平衡的原理工作。当来自调节器的直流电流信号输入线圈，与永久磁钢的恒定磁场共同作用，在杠杆上产生电磁力矩。当信号增加时，杠杆逆时针偏转，因挡板靠近喷嘴而使放大器的背压升高。随之而增大的放大器的输出信号作用在执行机构的膜头上，视杆便下移，经反馈装置在杠杆上产生反馈力矩，使杠杆顺时针偏转。当电磁力矩与反馈力矩平衡时，阀杆就稳定在一个位置上，实现输入的电流信号与阀杆位移的对应关系。

三、电动执行器

电动执行器使用电动机等电的动力来启闭调节阀。电动执行器根据不同的使用要求有各种结构。最简单的电动执行器是电磁阀，它利用电磁铁的吸合和释放，对小口径阀门进行通、断两种状态的控制。由于结构简单、价格低廉，常和两位式调节器组成简单的自动调节系统，在生产中有一定的应用。除电磁阀外，其他连续动作的电动执行器都使用电动机作动力元件，将调节器来的信号转变为阀的开度。

电动执行机构根据配用的调节阀不同，输出方式有直行程、角行程和多转式三种类型，可和直线移动的调节阀、旋转的蝶阀、多转的感应调压器等配合工作。在结构上，电动执行机构除可与调节阀组装成整体式的执行器外，常单独分装以适应各方面的需要，使用比较灵活。

电动执行机构一般采用随动系统的方案组成，从调节器来的信号通过伺服放大器驱动电动机，经减速器带动调节阀，同时经位置传感器将阀杆行程反馈给伺服放大器，组成位置随动系统。依靠位置负反馈，保证输入信号准确地转换为阀杆的行程。工作原理如图5-3-2所示。

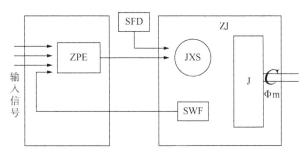

图 5-3-2　电动执行器工作原理示意图

ZPE—伺服放大器；JXS—伺服电动机；SFD—电动操作器；

SWF—位置发送器；J—减速器；ZJ—执行机构；Φm—减速器带动负载(调节阀)转动

四、调节阀

调节阀是各种执行器的调节机构，安装在流体管道上，其阀芯可在阀体内移动。调节阀通过改变流体的流通面积来控制被控介质的流量，以达到调节工艺变量的目的。

调节阀由阀体和阀内件组成，主要按阀体的结构形式进行分类。根据不同的使用要求，在实际生产中应用较广泛的主要包括直通单座阀、直通双座阀、角形阀、二通阀，高压阀、蝶阀、球阀、隔膜阀、偏心旋转阀、小流量阀等。

1. 直通单座阀

直通单座阀只有一个阀芯和一个阀座，其特点是关闭时的泄温量小(只有直通双座阀的1/10)，不平衡力大，适用于低压差场合，否则必须选用大推力的气动执行机构或配上阀门定位器。

2. 直通双座阀

直通双座阀有两个柱塞形阀芯(双导向结构)和两个阀座，流体作用在上、下阀芯上的推力大小接近相等而方向相反，故不平衡力很小，允许的压差较大；与同口径的单座阀相比，流通能力增大20%～25%，但泄漏量也较大。直通双座阀适用于阀两端的压差较大、对泄漏量要求不高的场合，由于阀体的流路比较复杂，不适用于高黏度和含纤维介质的场合。

3. 角形阀

角形阀除阀体为直角外，其他结构与直通单座阀相似，但其阀芯的结构是单导向的。角形阀的流路简单，阻力小，适用于高压差、高黏度、含悬浮物和颗粒状物料的场合。

4. 三通阀

三通阀上有三个通道与管道相连，按作用方式可分为合流型和分流型两种。合流型是两种流体通过阀时混合产生第三种流体；分流型则是把一种流体分成两路。其中，合流型的流通能力要比分流型大，调节也较灵敏。三通阀常用于热交换器的旁通调节，装在旁通入口时用分流型，装在旁通出口时用合流型。

5. 高压阀

高压阀的最大公称压力可达 32MPa，多为角形单座，有单级阀芯和多级阀芯两种结构。由于高压差产生汽蚀现象而损伤阀芯和阀座，使前者的使用寿命较短；而后者将几个阀芯串联使用，让每级阀芯分担一部分压差，以改善高压差对阀芯和阀座的冲刷及汽蚀作用。

高压阀广泛应用于化肥和石油、化工生产中。

6. 蝶阀

蝶阀主要由阀体、阀板、曲柄、轴、轴承座等零件组成，当气动执行机构的推杆向下移动时，阀板在阀体内旋转，使流通面积发生变化，以调节介质的流量。蝶阀结构紧凑、价格便宜、流通能力大，但泄漏量也较大，适用于低压差、大流量气体和带有悬浮物流体的场合。当蝶阀的转角大于70°时，转矩加大，使工作不稳定，流量特性也不好，所以蝶阀一般在0°~70°范围内工作。

7. 球阀

球阀分为 O 形球阀和 V 形球阀两种。

O 形球阀的阀芯是带圆孔的球体，在气动活塞式执行机构的带动下转动90°，实现球阀的开关动作，通常用于二位式开关控制，如紧急切断、顺序控制等场合。

V 形球阀是在 O 形球阀的基础上发展起来的，球体上开有一个 V 形口，随着球阀的旋转改变流体的流通面积，当 V 形口转入阀体内，球体和阀体上的密封圈紧密接触，以达到良好关闭的效果。V 形球阀具有流通能力大（相当于同口径的直通双座阀的 2~2.5 倍）、流量调节范围大[可调比为(200~300)∶1]等特点，且由于 V 形口与阀座之间具有剪切作用，特别适用于纤维、纸浆及含有颗粒等黏性介质的调节和切断。

8. 隔膜阀

隔膜阀采用耐腐蚀衬里的阀体和耐腐蚀的隔膜，以避免强酸、强碱、强腐蚀介质损伤金属阀体。隔膜阀具有结构简单、流阻小、关闭时泄漏量极小等优点，适用于高黏度、含悬浮颗粒的流体。

9. 偏心旋转阀

偏心旋转阀是在一个直通阀体内装有一个球面阀芯，而球面阀芯的中心线偏离转轴的中心线。当转轴带动阀芯偏心旋转(0°~50°)时，使阀芯向前下方进入阀座。因偏心运动减少了所需的操作力矩，使得操作稳定，且可以在较小的作用力下获得严密密封的效果。此外，偏心旋转阀还具有流阻小、体积小、重量轻、通用性强等优点，适用于黏度大的场合。

第四节　常见控制仪表与装置

一、DDZ-Ⅲ型仪表

DDZ 是电动(D)单元(D)组合(Z)仪表的拼音缩写，其发展过程主要经历了电子管、晶体管和线性集成电路三个阶段，对应的系列仪表分别称为 DDZ-Ⅰ型、DDZ-Ⅱ型和DDZ-Ⅲ型，其中 DDZ-Ⅰ型和 DDZ-Ⅱ型已经停产。

电动单元组合仪表是针对应用时的通用性而产生的，这种仪表往往只完成单一的功能，例如变送单元、调节单元、显示单元等，而各单元仪表间通过统一制式的信号进行连接，所以可根据需要选择不同的单元仪表灵活地构建系统。

常规电动单元组合系列仪表主要由下列单元组成：

（1）变送单元——差压变速器、温度变速器等；
（2）调节单元——位式调节器、PID 调节器、可编程逻辑控制器等；
（3）执行单元——角行程及直行程电动执行器等；
（4）显示单元——指示仪表、记录仪表等；
（5）计算单元——加减器、乘除器、开方器等；
（6）给定单元——恒流给定器、分流器等；
（7）转换单元——频率转换器、气电转换器等；
（8）辅助单元——操作器、阻尼器等。

DDZ-Ⅲ型系列仪表以线性集成电路为主要元器件，各单元之间的联络信号采用国际统一信号制的 4~20mA 直流电流进行远传，并保留了室内 1~5V 直流电压的联络信号，电源采用 24V 直流电压单电源供电。

DDZ-Ⅲ型仪表采用国际统一信号制的 4~20mA 直流电流进行传送，主要是为了克服 DDZ-Ⅱ型仪表电流制式的缺陷，即无法判断断线以及不易避开元件的死区和非线性区。由于 DDZ-Ⅲ型仪表的输入阻抗较大，因而通过 250Ω 的电阻即可方便地将4~20mA 的直流电流转换成 1~5V 的直流电压，以实现室内各单元间并联方式的信号传递。此外，直流 24V 供电模式的采用，使单电源集中供电得以实现。同时，正因为采用了直流 24V 低压供电，并辅以安全栅等措施，才使 DDZ-Ⅲ型仪表具备了"安全火花"防爆能力。

DDZ-Ⅲ型仪表调节单元一般采用 PID 运算，其结构如图 5-4-1 所示。

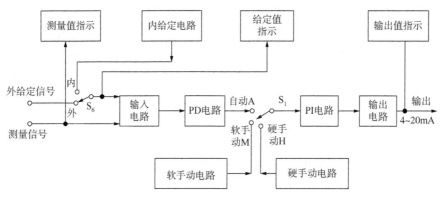

图 5-4-1 DDZ-Ⅲ型调节器的结构方框图

S₁—选择开关；S₆—切换开关

由图 5-4-1 可见，DDZ-Ⅲ型调节器由输入电路、给定电路、PID 运算电路、自动与手动(包括硬手动和软手动两种)切换电路、输出电路及指示电路等组成。调节器接收变送器来的测量信号(4~20mA 或 1~5V)，在输入电路中与给定信号进行比较，得出偏差信号。为了适应单电源供电的运算放大器的电平要求，在输入电路中还对偏差信号进行电平移动。经过电平移动的偏差信号，在 PID 运算电路中运算后，由输出电路转换为 4~20mA 的直流输出。

调节器的给定值可由内给定或外给定两种方式取得，用切换开关 S₆ 进行选择。当调节器工作于内给定方式时，给定电压由调节器内部的高精度稳压电源取得。当调节器需要由计算机或另外的调节器供给给定信号时，开关 S₆ 切换到外给定位置上，由外来的 4~20mA 电流流过 250Ω 精密电阻，产生 1~5V 的给定电压。

为了适应工艺过程启动、停车或发生事故等情况，调节器除需要自动调节的工作状态外，还需要在特殊情况时能由操作人员切除 PID 运算电路，直接根据仪表指示做出判断，操作调节器输出的手动工作状态。在 DDZ-Ⅲ型仪表中，手动工作状态有硬手动和软手动两种情况。在硬手动状态时，调节器的输出电流完全由操作人员拨动电位器决定。而软手动状态则是自动与硬手动之间的过渡状态，当选择开关 S₁ 置于软手动位置时，操作人员可使用软手动来扳键，使调节器的输出保持在切换前的数值，或以一定的速率增减。这种保持状态特别适宜于处理紧急事故。

当调节器出现故障，需要从表壳内取出检修时，还可将携带式手动操作器插入调节器的输入检查孔和手动操作插孔，进行手动控制。

二、气动活塞切断阀

气动活塞切断阀又称气动截止阀，具有结构简单、操作方便、使用可靠、快速关闭等特点，主要应用于无杂质、无颗粒的液体、气体介质，要求快速严密关闭、快速放空的自动控制系统中。气动活塞切断阀是生产过程自动化控制系统中的一种执行机构，它与电磁阀、大功率减压阀等配套使用，可以对自动化控制系统中输送管道上的流动介质进行自动切断或安全放空。

气动活塞切断阀按进气后动作不同可分为两类：进气后阀门开启，即气开阀，主要用于紧急放空；进气后阀门关闭，即气关阀，主要用于紧急切断(图5-4-2)。

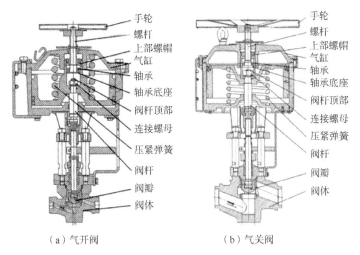

（a）气开阀　　　　　　　　　　（b）气关阀

图5-4-2　气动活塞切断阀结构图

对于气开阀，压缩空气入口在气缸底部，压紧弹簧在活塞上部，这样活塞在压紧弹簧弹力作用下被压至气缸底部。阀杆通过螺母与活塞刚性连接成为整体。手轮连接螺杆，螺杆下部有一个轴承，轴承安装在螺杆底部轴承底座上。该轴承在活塞上部凹形空间内，并且凹形空间上部有一个上部螺帽与活塞螺纹连接。

气关阀与气开阀结构不同之处在于：进气口在气缸上部；活塞安装在气缸上部，压紧弹簧安装在气缸下部，其余结构基本相同。

气动活塞切断阀远程控制是通过控制压缩空气进排气来实现的。当控制系统给出一个气动阀动作信号后，压缩空气进入气动阀气缸内。对于气开阀，压缩空气进入气缸后，压缩空气压力作用于活塞上，活塞克服与缸体的摩擦力和弹簧弹力带动阀瓣向上移动，阀门开启。对于气关阀，动作则与之相反，气缸进气后阀门关闭。

当控制系统取消阀门动作信号后，气缸内压缩空气排至大气，对于气开阀，活塞在弹簧弹力作用下关闭；反之，气关阀开启。

除了上述远程动作外，气动阀还可手动操作，通过手动操作手轮转动，使螺杆带动轴承，轴承再带动活塞，克服与缸体摩擦力和弹簧弹力移动，控制阀门开闭。

第六章 现代化工仪表自动化控制技术

目前，在工业过程控制系统中，有 PLC、DCS 和 FCS 三大控制系统。它们在自动化技术发展的过程中都扮演了重要和不可替代的角色。

第一节 PLC 系统

PLC 是一种集计算机技术、自动控制技术、通信技术于一体的新型自动化控制装置。其功能强大、可靠性高、编程简单、使用方便、体积小巧，在工业生产及日常生活中得到了广泛应用。国外的主要制造厂商有美国的施奈德、日本的欧姆龙、德国的西门子等，国内的主要制造厂商有和利时、无锡信捷科技等。

一、PLC 系统概念

可编程逻辑控制器简称 PLC，国际电工委员会（IEC）1985 年颁布的可编程逻辑控制器的定义如下："可编程逻辑控制器是专为在工业环境下应用而设计的一种数字运算操作的电子装置，是带有存储器、可以编制程序的控制器。它能够存储和执行命令，并进行逻辑运算、顺序控制、定时、计数和算术运算等操作，并通过数字式和模拟式的输入输出，控制各种类型的机械或生产过程。可编程逻辑控制器及其有关的外围设备，都应按易于工业控制系统形成一个整体，易于扩展其功能的原则设计"。

可编程逻辑控制器是从继电器控制系统发展而来的，是一种用程序来改变控制功能的工业控制计算机，它是以微处理器为基础的通用工业控制装置。可编程逻辑控制器最初是用于替代继电器控制系统的新型控制器，现在的 PLC 功能更加完善，除了开关逻辑控制的场合能够大显身手外，在要求有模拟量闭环控制的场合，也不会比单片机逊色。单片机能够完成的 PLC 都能完成，而且 PLC 更适用于工业生产现场环境，具有更高的电磁兼容性。

二、PLC 系统的构成

尽管 PLC 种类繁多，有着不同的结构和分类，但其基本组成是相同的，都是由中央处理单元（CPU）、存储器、输入输出单元（I/O 单元）、电源单元、编程器等组成（图 6-1-1）。

1. 中央处理单元

与普通计算机一样，CPU 是系统的核心部件，是由大规模或超大规模的集成电路芯片构成的，主要完成运算和控制任务，可以接收并存储从编程器输入的用户程序和数据。进

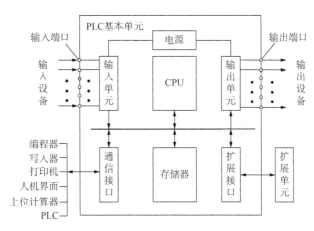

图 6-1-1 PLC 的结构图

入运行状态后，用扫描等方式接收输入装置的状态或数据，从内存逐条读取用户程序，通过解释后按指令的规定产生控制信号。分时、分渠道地执行数据的存取、传送、比较和变换等处理过程，完成用户程序设计的逻辑或算术运算任务，并根据运算结果控制输出设备。PLC 中的中央处理单元多用 8~32 位字长的单片机。

2. 存储器

存储器包括系统存储器和用户存储器。系统存储器存放系统管理程序。用户存储器存放用户编制的控制程序。

按照物理性能，存储器分为随机存储器（RAM）和只读存储器（ROM）两类。随机存储器由一系列寄存器阵组成，每位寄存器可以代表一个二进制位数，在刚开始工作时，它的状态是随机的，只有经过置"1"或清"0"的操作后，它的状态才确定。若关断电源，状态丢失。这种存储器可以进行读、写操作。主要用来存储输入输出状态和计数器、定时器及系统组态的参数。只读存储器有两种：一种是不可擦除只读存储器，这种只读存储器只能写入一次，不能改写；另一种是可擦除只读存储器，这种只读存储器经过擦除后还可以重写。其中，电动程控只读存储器（EPROM）只能用紫外线擦除内部信息，可擦编程只读存储器（EEPROM）可以用电擦除内部信息，这两种存储器的信息可保留 10 年左右。

对于不同的 PLC，其存储器的容量随 PLC 的规模不同而有较大的差别，大型 PLC 的用户程序存储器容量一般大于 40kB，而小型 PLC 的容量多小于 8kB，用户程序存储器容量的大小，关系到用户程序容量的大小和内部软元件的多少，是反映 PLC 性能的重要指标之一。

3. 输入输出单元

输入输出单元通常也称为 I/O 单元或 I/O 模块，是 PLC 与被控对象间传递输入输出信号的接口部件。输入部件是开关、按钮、传感器等，PLC 通过输入接口可以检测被控对象的各种数据，以这些数据作为 PLC 对被控对象进行控制的依据。输出部件是指示灯、电磁阀、接触器、继电器、变频器等，PLC 通过输出接口将处理结果送给被控对象，以实现控制目的。

4. 电源

PLC 的交流输入一般为单相交流（AC 85~260V，50/60Hz），有的也采用 24V 直流电源，PLC 对外部工作电源的稳定度要求不高，一般可允许±15%的波动范围，抗干扰能力比较强。有些 PLC 还配有大容量电容作为数据后备电源，停电时可保持 50h。使用单相交流电源的 PLC，其内部配有开关式稳压电源，开关式稳压电源可以向 CPU、存储器、I/O 模块提供 5V 直流工作电源，在容量许可的条件下，还可同时向外部提供 24V 直流电源，供直流输入或输出使用。

5. 编程器

编程器是外围设备，利用编程器将用户程序送入 PLC 的存储器，检查程序。编程器一般由 PLC 生产厂家提供，且只能用于某个品牌、某个系列的 PLC。编程器主要分为专用编程器和专用编程软件两类。

1）专用编程器

用于编制特定 PLC 软件的编程装置，分为简易编程器和图形编程器。简易编程器只能编辑语句表指令程序，不能直接编辑梯形图程序，使用简易编程器时必须把梯形图程序先转化为语句表指令程序。因此，简易编程器一般用于小型 PLC 的编程，或用于 PLC 系统的现场调试和维修。图形编程器本质上是一台便携式专用计算机系统，具有 LCD 或 CRT 图形显示功能，用户可以在线或离线编制 PLC 应用程序，所能编辑的也不再局限于语句表指令，可直接使用梯形图编程。

2）专用编程软件

除了专用编程器以外，各 PLC 厂家都提供了能在 PC 上运行的专用编程软件，借助于相应的通信接口，用户可以在 PC 上通过专用编程软件来编辑和调试用户程序，而且专用编程软件一般可适应于同一厂商的多种型号 PLC。专用编程软件具有功能强大、通用性强、升级方便、价格低廉等特点，在个人计算机和便携式电脑日益普及的情况下，是用户首选的编程装置。

6. 其他外围设备

其他外围设备包括人机接口装置（HMO）、存储器卡、打印机、盒式磁带机、电动程控只读存储器（EPROM）写入器等。

三、PLC 系统的特点

（1）灵活性和通用性强。只要修改程序，PLC 外部接线改动极少，甚至不用改动，就能实现新的控制功能。

（2）抗干扰能力强，可靠性高。PLC 在软硬件方面采取了许多措施来提高其可靠性。例如，在硬件方面采取严格的屏蔽措施，对供电系统采用多种形式的滤波、光电隔离、模块化结构等；在软件方面设定监视定时器，如果程序执行时间超过设定值，表明程序已进入死循环，则立即报警等。

（3）编程语言简单易学。PLC 采用梯形图语言编程，简单易学，使用者无须掌握计算机的软硬件知识。

（4）与外设连接简单。

输入接口可直接与按钮、传感器相连，输出接口可直接驱动继电器、接触器、电磁阀等。

（5）控制系统设计、调试时间短。

（6）体积小、重量轻，易于实现机电一体化。

随着 PLC 功能的不断完善、性能价格比的不断提高，PLC 的应用面也越来越广。目前，PLC 已广泛应用于钢铁、采矿、水泥、石油、化工、电子、机械制造、汽车、船舶、装卸、造纸、纺织、环保等行业。

第二节　DCS 系统

集散控制系统又称分散控制系统（DCS）。DCS 实质上是利用计算机技术采用分散控制、集中操作（监视）、分级管理的设计思想，对工业企业的生产过程与生产管理进行优化，将生产过程的控制、监督、协调与各项生产经营管理融为一体，由 DCS 中各个子系统协调有序进行，从而实现控制管理一体化。它是由计算机技术、信号处理技术、测量控制技术、通信网络技术和人机接口技术等相互发展、渗透而产生的，具有通用性强、系统组态灵活、控制功能完善、数据处理方便、显示操作集中、人机界面友好、安装简单规范、调试方便、运行安全可靠等特点。

DCS 能适应工业生产过程的各种需要，提高生产自动化水平和管理水平，提高产品质量，降低能源消耗，提高劳动生产率，保证生产安全，促进工业技术发展，创造最佳经济效益和社会效益。

国外的主要制造厂商有美国的 Honewell、Foxboro、Emerson、LEEDS&NORTHRMP，日本的 YOKOGAWA、HITACH，德国的 SIEMENS、IIartmann&Braun，瑞士的 ABB 等，国内的主要制造厂商有浙江中控、和利时、上海新华、浙江威盛等公司。在应用集散控制系统的过程中，我国科技人员在消化吸收国外技术的同时，自主创新品牌产品，如新华控制工程公司的 XDPS-400、和利时公司的 MACS、国电智深公司的 EDPF-NT、华能信息产业公司的 PINECONTROL，在多个电厂试验应用的基础上，经过改造提高，已达到或接近国外厂家同类产品的水平。

一、DCS 系统概念

20 世纪 50 年代末期，陆续出现了由计算机组成的控制系统，这些系统实现的功能不同，实现数字化的程度也不同。最初它用于生产过程的安全监视和操作指导，后来用于监督控制，但还没有直接用于控制生产过程。

20 世纪 60 年代初期，计算机开始直接用于生产过程的数字控制。由于当时计算机造价很高，再加上当时硬件水平的限制，导致计算机的可靠性很低，实时性较差。因此，大规模集中式的直接数字控制系统基本上宣告失败。但人们从中体会到，直接数字控制系统有许多模拟控制系统无法比拟的优点，如果能够解决系统的体系结构和可靠性问题，计算机用于集中控制是大有希望的。

经过多年的探索，1975年出现了DCS，这是一种结合了仪表控制系统和直接数字控制系统两者的优势而出现的全新控制系统，它很好地解决了直接数字控制系统存在的两个问题。如果直接数字控制系统是计算机进入控制领域后出现的新型控制系统，那么DCS则是网络进入控制领域后出现的新型控制系统。

在DCS出现的早期，人们还将其看作仪表系统，这可从1983年对DCS的定义中看出：将DCS定义为一类包含输入/输出设备、控制设备和操作员接口设备的仪器仪表，它不仅可以完成指定的控制功能，还允许将控制、测量和运行信息在具有通信链路的、可由用户指定的一个或多个地点之间相互传递。

按照这个定义，可以将DCS理解为具有数字通信能力的仪表控制系统。从系统的结构形式看，DCS与仪表控制系统类似，在现场端它仍然采用模拟仪表的变送单元和执行单元，在主控制室端采用计算单元和显示、记录、给定值等单元。但实质上，DCS和仪表控制系统有着本质的区别。首先，DCS是基于数字技术的，除了现场的变送单元和执行单元外，其余的处理均采用数字方式；其次，DCS的计算单元并不是针对每一个控制回路设置一个计算单元，而是将若干个控制回路集中在一起，由一个现场控制站来完成这些控制回路的计算。这样的结构形式不只是出于成本上的考虑，与模拟仪表的计算单元相比，DCS的现场控制站是比较昂贵的，采用一个控制站执行多个控制回路的结构形式，是由于DCS的现场控制站有足够的能力完成多个回路的控制计算。从功能上讲，由一个现场控制站执行多个控制回路的计算和控制功能更便于这些控制回路之间的协调，这在模拟仪表系统中是无法实现的。一个现场控制站应该执行多少个回路的控制与被控对象有关，系统设计师可以根据控制方法的要求具体安排在系统中使用多少个现场控制站，每个现场控制站中各安排哪些控制回路。此方面，DCS有着极大的灵活性。

美国仪表协会(ISA)除了对DCS进行定义外，还做出了许多不同角度的解释：

（1）物理上分立并分布在不同位置上的多个子系统，在功能上集成为一个系统。它解释了DCS的结构特点。

（2）由操作台，通信系统和执行控制、逻辑、计算及测量等功能的远程或本地处理单元构成。它指出了DCS的三大组成部分。

（3）分布的两个含义：处理器和操作台物理上分布在工厂或建筑物的不同区域；数据处理分散，多个处理器并行执行不同的功能，它解释了分布的两个含义，即物理上的分布和功能上的分布。

（4）将工厂或过程控制分解成若干区域，每个区域由各自的控制器(处理器)进行管理控制，它们之间通过不同类型的总线连成整体。它侧重描述了DCS各部分之间的连接关系，通过不同类型的总线实现连接。

总结以上各方面的描述，可对DCS做一个比较完整的定义：

（1）以回路控制为主要功能的系统。

（2）除变送器和执行单元外，各种控制功能及通信、人机界面均采用数字技术。

（3）以计算机的纯平显示器、键盘、鼠标、轨迹球代替仪表盘形成系统人机界面。

（4）回路控制功能由现场控制站完成，系统可有多台现场控制站，每台控制一部分回路。

（5）人机界面由操作员站实现，系统可有多台操作员站。

（6）系统中所有的现场控制站、操作员站均通过数字通信网络实现连接。

二、DCS 系统的构成

虽然不同的集散控制系统各具特色，但主要构成基本相同，基本上分为现场控制级、过程控制级、过程管理级和经营管理级。

1. 现场控制级

现场控制级又称数据采集装置，主要是将过程非控变量进行数据采集和预处理，而且对实时数据进一步加工处理，从而实现开环监视，并将采集到的数据传输到监控计算机。这一个级别直接面对现场，跟现场过程相连。阀门、电动机、各类传感器、变送器、执行机构等都是工业现场的基础设备，同样也是 DCS 的基础。

2. 过程控制级

过程控制级又称现场控制单元或基本控制器，是 DCS 系统中的核心部分。生产工艺的调节都是靠它来实现，如阀门的开闭调节、顺序控制、连续控制等。它接收现场控制级传来的信号，按照工艺要求进行控制规律运算，然后将结果作为控制信号发给现场控制级的设备，同时将现场的情况反馈给过程管理级。

3. 过程管理级

过程管理级为 DCS 的人机接口装置，普遍配有高分辨率、大屏幕的色彩 CRT、操作者键盘、打印机、大容量存储器等。操作员通过操作站选择各种操作和监视生产情况，这个级别是操作人员跟 DCS 交换信息的平台，是 DCS 的核心显示、操作和管理装置。操作人员通过操作站来监视和控制生产过程，可以通过屏幕了解到生产运行情况，了解每个过程变量的数字与状态；可以根据需要随时进行手动自动切换、修改设定值、调整控制信号、操纵现场设备，以实现对生产过程的控制。

4. 经营管理级

经营管理级又称上位机，具有功能强、速度快、容量大的特点。通过专门的通信接口与高速数据通路相连，综合监视系统各单元，管理全系统的所有信息。这是全厂自动化系统的最高一层，只有大规模的集散控制系统才具备这一级。它所面向的使用者是厂长、经理、总工程师等行政管理或运行管理人员。它的权限很大，可以监视各部门的运行情况，利用历史数据和实时数据预测可能发生的各种情况，从企业全局利益出发，帮助企业管理人员进行决策，帮助企业实现其计划目标。

三、DCS 系统的特点

1. 高可靠性

由于它基于多台计算机控制，且采取了硬件冗余、网络容错设计，即使个别硬件出现故障，系统程序也能够识别并在软件级别恢复，不会影响整个系统的运行。

2. 开放性

由于它采用开放式、标准化、模块化、网络化设计，当需要增加或改变一些功能时，可以通过增加或改变硬件的配置实现要求。

3. 灵活性

当控制要求需要变更时，可以通过编程软件实现各种逻辑控制、复杂的算法、图形化显示等功能要求。

4. 控制功能强大

它的控制算法丰富，具有多种 PID 控制功能，如串级控制、前馈控制等，支持高级语言，可以编写更为复杂的算法。

第三节　FCS 系统

现场总线控制系统(FCS)是 DCS 的更新换代产品，由于 DCS 系统造价高且各自动化仪表公司生产的 DCS 有自己的标准，不能互联，设备无互换性和互操作性，FCS 便应运而生，现已成为工业生产过程自动化领域的一个新热点。FCS 在统一的国际标准下可实现真正的开放式互联系统结构，是一种很有前途的计算机控制系统。

一、FCS 系统概念

信息技术的快速发展引发了自动化技术的深刻变革，逐步形成了网络化的、全开放的自动控制体系结构。现场总线的出现，标志着自动化技术步入了一个新的时代。为了更好地理解现场总线及现场总线控制系统，首先介绍它们的概念。

总线就是传输信息的公共通路。总线的种类很多，如根据数据传输的方式可分为串行总线和并行总线。串行总线是相对于串行通信而言的总线，串行总线的特点是通信线路简单，只要一对传输线，但传输速度慢，适用于信息量较小的远距离通信，成本较低；而并行总线是相对于并行通信而言的总线，并行总线的特点是传输速度快，但当传输距离远、位数多时，通信线路复杂、成本高。

在过去的很长时间中，现场总线有多种不同的定义。有人把它定义为应用于现场的控制系统与现场检测仪表、执行装置之间进行双向数字通信的串行总线，也有人把它称为应用于现场仪表与控制室主机间的一种开放式、数字化、多点通信的底层控制网络技术。这种技术被广泛地应用于制造业、楼宇、交通等领域的自动化系统中。不管如何定义，开放、数字化、串行通信等字眼在对现场总线的描述中是必不可少的。

国际电工委员会在 IEC 61158《现场总线标准》中给现场总线下了一个定义，目前业内称它为现场总线的标准定义，即现场总线是安装在制造或过程区域的现场装置与控制室内的自动控制装置之间的数字式、串行、多点、双向通信的数据总线。

在现场总线概念的基础上，人们把基于现场总线的控制系统称为现场总线控制系统，

FCS 是工业自动控制中的一种计算机局域网络，以高度智能化的现场设备和仪表为基础，在现场实现彻底分散，并以这些现场分散的测量点、控制设备点为网络节点，将这些节点以总线的形式进行连接，形成一个现场总线网络。因此，其实 FCS 已经和某种现场总线技术联系在一起，不可分割，FCS 是未来的主要发展趋势，但目前还不能完全取代其他的控制系统。

二、FCS 系统的构成

现场总线控制系统是继 PCS、ACS、CCS、DCS 之后的第五代控制系统，目前还处于发展阶段，各种不同的现场总线控制系统层出不穷，其系统结构形态各异。有的是按照现场总线体系结构的概念设计的新型控制系统，有的是在现有的 DCS 上扩充了现场总线的功能。但现场总线控制系统的基本构成可以分为三类：第一类是由现场设备和人机接口组成的两层结构的 FCS；第二类是由现场设备、控制站/网关和人机接口组成的三层结构的 FCS；第三类是由 DCS 扩充了现场总线接口模件所构成的 FCS。

1. 二层结构的 FCS

由现场总线设备和人机接口装置组成，二者之间通过现场总线连接。现场总线设备包括符合现场总线通信协议的各种智能仪表，如现场总线变送器、转换器、执行器和分析仪表等。由于系统中没有单独的控制器，系统的功能全部由现场总线设备完成。通常这类控制系统的规模较小，控制回路不多。控制系统的结构如图 6-3-1 所示。

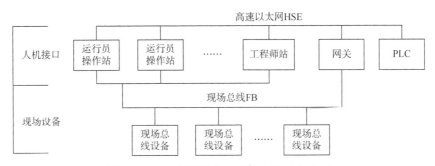

图 6-3-1　二层结构的 FCS 控制系统结构图

这种现场总线控制系统结构适用于控制规模相对较小、控制回路相对独立、不需要复杂协调控制功能的生产过程。在这种情况下，由现场设备所提供的控制功能即可以满足要求。因此，在系统结构上取消了传统意义上的控制站，控制站的控制功能下放到现场，简化了系统结构。但带来的问题是不便于处理控制回路之间的协调问题，一种解决办法是将协调控制功能放在运行员操作站或其他高层计算机上实现，另一种解决办法是在现场总线接口上实现部分协调控制功能。

2. 三层结构的 FCS

在两层结构的基础上增加控制装置，组成三层结构的现场总线控制系统，即由现场设备、控制站/网关和人机接口三层组成。其中，现场设备包括符合现场总线通信协议的各种智能仪表，如现场总线变送器、转换器、执行器和分析仪表等；控制站/网关可以完成基本控制功能或协调功能，执行各种控制算法，也可只作为高速以太网和低速现场总线的网关进行信息交换；人机接口包括运行员操作站和工程师站，主要用于生产过程的监控以及控制系统的组态、维护和检修。在这类控制系统中，控制站完成控制系统的基本运算，并实现下层的协调和控制功能。与传统的 DCS 中的控制站不同，在这里的控制系统中，大部分控制功能是在现场总线级完成的，控制站主要完成对下层的协调控制功能及部分先进控制功能。控制系统的结构如图 6-3-2 所示。

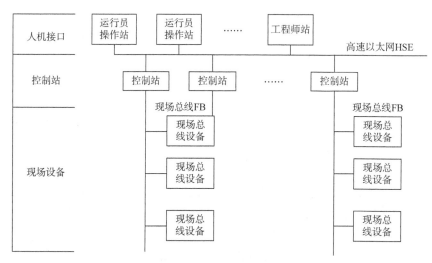

图 6-3-2   三层结构 FCS 控制系统结构图

这类控制系统具有较完善的递阶结构，控制功能实现了较彻底的分散，适用于比较复杂的工业生产过程，特别是那些控制回路之间关联密切、需要协调控制功能的生产过程，以及需要特殊控制功能的生产过程。

3. 由 DCS 扩展而成的 FCS

现场总线作为一种先进的现场数据传输技术正在渗透到新兴产业的各个领域。DCS 的分散过程控制站由控制装置、输入/输出总线和输入/输出模块组成。因此，DCS 制造厂商在 DCS 基础上，在 DCS 的输入/输出总线上挂接现场总线接口模件，通过现场总线接口模件扩展出若干条现场总线，然后经现场总线与现场智能设备相连。其结构如图 6-3-3 所示。

这种现场总线控制系统是由 DCS 演变而来，不可避免地保留了 DCS 的某些特征，如 I/O 总线和高层通信网络可能是 DCS 制造商的专有通信协议，系统的开放性差。现场总线装置的组态可能需要特殊的组态设备或组态软件，也就是说，不能在 DCS 原有的工程师工作站上对现场设备进行组态等。这种类型的系统比较适用于在用户已有 DCS 中进一步扩展应用现场总线技术，或者改造现有的 DCS 中的模拟 I/O，提高系统的整体性能和现场设备的维护管理水平。

这种结构还有一个特点，就是可以使用 DCS 组成混合系统。在 I/O 总线上可以挂接不同规范的现场总线接口卡，以及模拟输入/输出卡件。例如，现场总线接口卡可以说符合

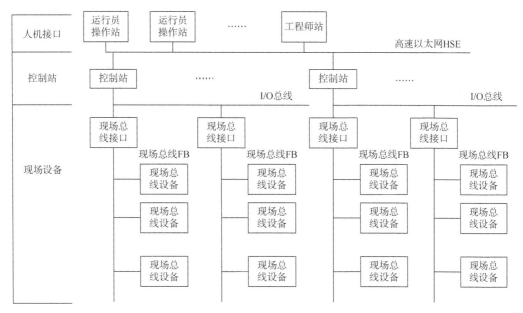

图 6-3-3 由 DCS 扩展而成的 FCS 控制系统结构图

FF 总线协议、PROFIBUS 总线协议，也可以说符合 DeviceNet 总线协议，这样就可以将不同类型的现场总线设备集成在 DCS 中，使 DCS 控制器可以完成对不同类型现场设备的访问。

三、FCS 系统的特点

现场总线是现场仪表所采用的双向数字通信方式，是自动化仪表的最新技术成果，它将取代当今现场仪表广泛使用的 4~20mA 标准模拟通信方式。现场总线具有以下特点：

（1）一根双绞线可连接多台设备，从而减少了导线数量，降低了配线成本。

（2）采用数字传输方式，可以实现高精度的信息处理，提高控制质量。

（3）由于实现了多重通信，除了可以传送过程变量（PV）、控制变量（MV）值之外，还可以传送大量的现场设备管理信息。

（4）现场仪表之间可以通信，实现了仪表的自律分散控制。

（5）由于现场总线仪表具有互操作性，不同厂家的仪表可以自由组合，为用户提供了更广泛的选择余地。

（6）实现了测量仪表、电气仪表、分析仪表的综合化。

（7）在控制室就可以对现场仪表进行调试、校验、诊断和维护。

第七章 安全仪表系统

近年来，化工行业频发重大安全生产事故，造成了巨大的社会影响。政府监管部门和化工从业人员不得不深刻反思安全事故，探索如何提高化工生产的安全性。

纵观过去发生的事故，因人员误操作或违规操作导致事故发生的比例较高，所以提高操作人员的安全意识和企业的安全管理水平是降低事故发生概率的主要手段之一。但企业安全文化、安全管理制度的建立和有效实施，并非一朝一夕能够实现。除了以大型国有企业及外资企业为主的综合型化工园区外，我国还有一些以中小型精细化工企业为主体的化工园区及一些零散的涉及危险化学品的相关企业，且许多企业管理者安全理念落后，操作人员专业能力不足、安全意识薄弱，生产装置仍以人工操作为主，存在较大的安全隐患。

相比于中长期的安全文化和安全管理制度建立，提高自动化程度显然能够短期内降低操作人员在生产过程中的过多干预，从而降低安全风险，减少事故的发生。因此，高可靠性的安全仪表系统(Safety Instrumented System，SIS)得到了大范围的推广。

第一节 安全仪表系统的定义与构成

一、安全仪表系统的定义

根据 GB/T 21109.1—2007/IEC 61511-1：2003《过程工业领域安全仪表系统的功能安全 第1部分：框架、定义、系统、硬件和软件要求》可知，安全仪表系统指用来实现一个或几个仪表安全功能的仪表系统。

二、安全仪表系统的构成

安全仪表系统指能执行安全功能的仪表系统，这是一个相对宽泛的概念，它包括了紧急停车系统(Emergency ShutDown System，ESD)、燃烧器管理系统(Burner Management System，BMS)、高完整性压力保护系统(High Integrity Pressure Protection System，HIPPS)、火灾报警及气体检测系统(Fire Alarm and Gas Detector System，F&GS)等，如图7-1-1所示。

1. 紧急停车系统

紧急停车系统(ESD)用于生产装置在紧急情况下停车，将生产装置置于安全状态，在石化行业广泛应用。ESD是在20世纪末石化行业引进国外工艺包时，随着工艺包进入了国内大型生产装置，但应用并不广泛，ESD也并未与安全生产管理紧密地结合在一起。

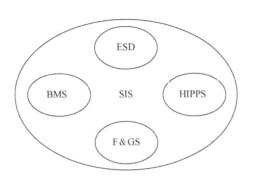

图 7-1-1　安全仪表系统(SIS)

过去，紧急停车系统被理解为只针对逻辑控制器部分(控制系统单元)，随着行业内对安全仪表系统认知的不断提高，现在理解的紧急停车系统属于安全仪表系统的类型之一。需要注意的是，当在役装置设置的紧急停车系统并不符合安全仪表系统的要求时(如采用普通 PLC 实现联锁停车)，不能将 ESD 等同于安全仪表系统。

2. 燃烧器管理系统

燃烧器管理系统(BMS)一般随燃烧器成套提供，主要负责燃烧器吹扫、检漏、点火、安全保护及燃烧控制等。燃烧器管理系统可监控燃料、助燃物和主火焰等的状态，当发生异常工况时能按照既定的安全操作步骤自动将燃烧器置于安全状态，避免燃料和空气在炉膛内聚集，防止爆炸事故发生。

因燃烧器管理系统为设备的配套系统，行业人员及监管部门对其重视程度不高，导致在实际应用中燃烧器管理系统的配置较为混乱，其联锁功能有采用普通 PLC 实现的，也有采用安全型逻辑控制器实现的。

3. 高完整性压力保护系统

高完整性压力保护系统(HIPPS)的作用是超压保护，多用于炼化装置的上游，如油气田、海上平台等场合。

4. 火灾报警及气体检测系统

火灾报警及气体检测系统(F&GS)是火气报警和联动用的，当发生火灾时需紧急打开消防设施，属于消防系统的一部分。自控专业关注火灾报警及气体检测系统主要是因为可燃气体报警系统(Gas Detector System，GDS)是火灾报警及气体检测系统的组成部分。

火灾报警及气体检测系统设计目前国内还没有标准规范可参考。一般大型石化项目总体设计院会编制项目的火灾报警及气体检测系统统一规定供设计人员遵循，但更多的中小项目中火灾报警及气体检测系统的设计是一个困惑点——将大型项目的方案和要求套用在中小型项目上总是有点格格不入。一些中小型设计单位未配置电信专业人员，火灾报警及气体检测系统是由自控专业人员负责还是电气专业人员负责，专业分工上存在不明确的情况。

既然火灾报警及气体检测系统属于安全仪表系统的一部分，那么可燃气体报警系统是否也有安全完整性等级的要求呢？诸如此类的问题困扰了部分自控设计人员。结合过去 10

年的发展要求，GB/T 50493—2019《石油化工可燃气体和有毒气体检测报警设计标准》中，对 GB 50493—2009《石油化工可燃气体和有毒气体检测报警设计规范》中的部分内容进行了升级，具体如下：

（1）可燃气体和有毒气体检测报警系统应独立于其他系统单独设置；

（2）可燃气体二级报警信号、可燃气体和有毒气体检测报警系统报警控制单元的故障信号应送至消防控制室；

（3）可燃气体探测器不能直接接入火灾报警控制器的输入回路；

（4）可燃气体或有毒气体检测信号作为安全仪表系统的输入时，探测器宜独立设置，探测器输出信号应送至相应的安全仪表系统；

（5）可燃气体探测器参与消防联动时，探测器信号应先送至按专用可燃气体内报警控制器产品标准制造并取得检测报告的专用可燃气体报警控制器，报警信号应由专用可燃气体报警控制器输出至消防控制室的火灾报警控制器。

可燃（有毒）气体检测报警系统配置如图 7-1-2 所示。

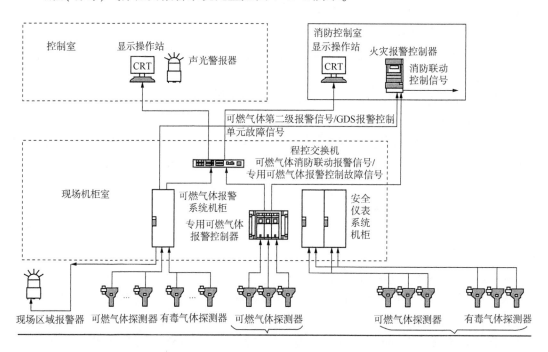

图 7-1-2　可燃（有毒）气体检测报警系统配置图

从图 7-1-2 中可以看出，若可燃（有毒）气体探测器不参与安全联锁，则使用单独的可燃气体报警系统即可，并无安全完整性等级要求；若可燃（有毒）气体探测器参与安全联锁（如液氯槽车库发生氯气泄漏，安全仪表系统联锁关闭液氯槽车根部切断阀、车间氯气总管切断阀，关闭车库电动卷帘门，打开应急吸收系统引风机及碱液循环泵），则根据 GB/T 50770—2013《石油化工安全仪表系统设计规范》的要求，进入相应的安全仪表系统中执行安全功能。

第二节　安全仪表系统的安全功能

一、安全功能及仪表的安全功能

1. 安全功能

根据 GB/T 21109.1—2007/IEC 61511-1：2003《过程工业领域安全仪表系统的功能安全　第 1 部分：框架、定义、系统、硬件和软件要求》，安全功能是指针对特定的危险事件，为达到或保持过程的安全状态，由安全仪表系统、其他技术安全相关系统或外部风险降低设施实现的功能。

2. 仪表的安全功能

根据 GB/T 21109.1—2007/IEC 61511-1：2003《过程工业领域安全仪表系统的功能安全　第 1 部分：框架、定义、系统、硬件和软件要求》，仪表安全功能(Safety Instrumented Function，SIF)是指具有某个特定安全完整性等级的，用以达到功能安全的安全功能，它既可以是一个仪表安全保护功能，也可以是一个仪表安全控制功能。

二、安全仪表系统的仪表安全功能

安全仪表系统是由一个或多个执行安全仪表功能的回路组成，如图 7-2-1 所示。

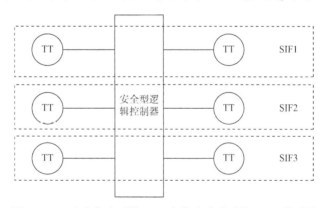

图 7-2-1　安全仪表系统(SIS)与仪表安全功能(SIF)关系图

一个仪表安全功能回路是由传感器子单元、逻辑子单元和执行元件子单元构成的。

传感器子单元包括传感器、变送器、现场端浪涌保护器(Surge Protective Device，SPD)、机柜间浪涌保护器、输入安全栅(隔离器)、输入继电器等。

逻辑子单元包括电源、处理器、I/O 卡件、软件。

执行元件子单元包括继电器、机柜间浪涌保护器、现场端浪涌保护器、电磁阀、执行机构、阀体等。

仪表安全功能回路的组成如图 7-2-2 所示。

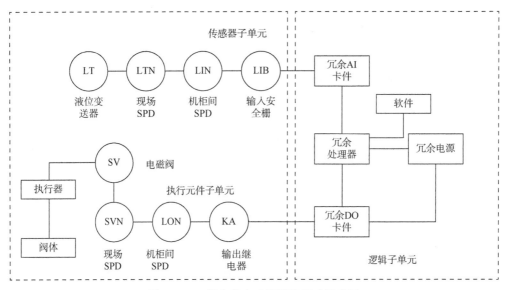

图 7-2-2 仪表安全功能回路组成示意图

第三节 安全完整性等级与对应关系

一、安全完整性等级

根据 GB/T 21109.1—2007/IEC 61511-1：2003《过程工业领域安全仪表系统的功能安全 第1部分：框架、定义、系统、硬件和软件要求》和 GB/T 50770—2013《石油化工安全仪表系统设计规范》，安全完整性等级（Safety Integrity Level，SIL）是指安全功能的等级。安全完整性等级由低到高为 SIL1 至 SIL4。

二、安全完整性等级对应关系

安全完整性等级在行业内一般被口语化称为"SIL等级"。虽然 SIL 中已经包括了"等级（Level）"的概念，但是"SIL等级"的表述仍类似于工艺管道仪表流程图（Process Piping and Instrument Drawing，P&ID），一般简称为"PID图"，而很少说"PI图"。

IEC 61508《电气/电子/可编程电子安全相关系统的功能安全性》中把安全仪表系统的运行模式分为低要求模式（Low Demand Mode）、高要求模式（High Demand Mode）和连续模式（Continuous Mode）。

（1）低要求模式：仅当要求时，才执行将生产装置置于规定安全状态的安全功能，并且要求的频率不大于每年一次。

（2）高要求模式：仅当要求时，才执行将生产装置置于规定安全状态的安全功能，并且要求的频率大于每年一次。

（3）连续模式：安全功能将生产装置保持在安全状态是正常运行的一部分。

GB/T 50770—2013《石油化工安全仪表系统设计规范》中规定：通常石油化工的安全仪表系统工作于低要求模式，即安全仪表系统动作频率不大于每年一次；石油化工 SIL 等级最高为 3 级。因此，本书中安全仪表系统的运行模式均为低要求模式。低要求模式下，SIL 与要求时危险失效平均概率[❶]（Average Probability of Dangerous Failure on Demand，PFD_{avg}）相关，对应关系见表 7-3-1。

表 7-3-1 低要求模式下安全完整性等级（SIL）与 PFD_{avg} 对应关系

SIL	PFD_{avg}	风险降低因子 RRF	安全有效性 SA
1	$10^{-2} \leq PFD_{avg} < 10^{-1}$	$10 < RRF \leq 100$	90% ~ 99%
2	$10^{-3} \leq PFD_{avg} < 10^{-2}$	$100 < RRF \leq 1000$	99% ~ 99.9%
3	$10^{-4} \leq PFD_{avg} < 10^{-3}$	$1000 < RRF \leq 10000$	99.9% ~ 99.99%
4	$10^{-5} \leq PFD_{avg} < 10^{-4}$	$10000 < RRF \leq 100000$	99.99% ~ 99.999%

表 7-3-1 中，风险降低因子 RRF 是 PFD_{avg} 的倒数：

$$RRF = 1/PFD_{avg} \qquad\qquad (7-3-1)$$

安全有效性 SA 与 PFD_{avg} 的关系为：

$$SA = 1 - PFD_{avg} \qquad\qquad (7-3-2)$$

例如：某个安全仪表功能回路的要求时危险失效平均概率 PFD_{avg} 为 2.5×10^{-3}，等同于该安全仪表功能回路的风险降低因子 RFF 为 400；从数学角度来看，RRF 比 PFD_{avg} 更为直观。同样，采用安全有效性表达该回路的安全有效性为 99.75%，也更容易理解。

值得一提的是，在现实应用中经常说"某工厂的安全仪表系统是 SIL3 的"，这种说法是不准确的，因为安全完整性等级是针对安全仪表功能回路的。上述说法是将安全仪表系统等同于安全型逻辑控制器，故其说的"安全仪表系统是 SIL3 的"通常是指选用了取得 SIL3 认证的安全型逻辑控制器。同样，"某个仪表是 SIL2 的"说法也是不准确的，因为安全完整性等级并不是仪表的本身属性，而是该仪表能够支持的安全完整性等级的能力，准确的说法应该是"某仪表具有使用在安全完整性为 2 级的安全仪表功能回路中的能力"。

第四节 工艺过程风险的评估及安全性等级的评定

一、工艺过程风险评估

风险评估是评价来自危险源的风险程序大小，并考虑现有控制措施的适宜性和决定该风险是否可接受的过程。

工艺过程风险评估通常采用的方法包括故障树分析（Fault Tree Analysis，FTA）、失效

---

❶ 表示安全仪表系统发出要求时执行安全仪表功能的平均不可用性，即拒动率。

模式与影响分析(Failure Mode and Effects Analysis, FMEA)、危险与可操作性分析(Hazard and Operability Study, HAZOP)及其他类似的方法。其中, HAZOP 是过程工艺最适宜, 并被广泛认可和采用的方法。因此, 本书简单介绍危险与可操作性分析。

1. HAZOP 简介

HAZOP 分析已在石化行业应用多年, 是一个被广泛接受和认可的方法, 主要目的是辨识潜在的事故场景。

1)分析方法

HAZOP 分析是一个提出偏差、分析偏差导致的后果及现有控制偏差的措施是否满足要求的过程。常见的工艺参数、引导词及偏差见表 7-4-1。

表 7-4-1 HAZOP 分析常用偏差

序号	工艺参数	引导词	偏差
1	温度	过高	温度过高
		过低	温度过低
2	压力	过高	压力过高
		过低	压力过低
3	流量	过大	流量过大
		过小	流量过小
4	液位	过高	液位过高
		过低	液位过低
5	分析	过大	分析数值过大
		过小	分析数值过小
6	电流	过大	电流过大
		过小	电流过小
7	电动机运行	有	电动机运行
		无	电动机停止

表 7-4-1 中只是部分示例, 一些工艺中还需要考虑投料顺序、配料比、杂质、误投料、逆流等偏差。因此, 在执行具体项目时, 设计人员要根据分析的需要设置工艺参数及引导词, 二者结合后才能准确表达出偏差。如"压力过高"这一偏差, 也可描述成"压力偏高""压力过大", 在负压场合可以描述成"出现正压"。在个别分析会议现场, 与会人员会提出"压力过高具体是高到什么地步?"的疑惑, 如果描述成"压力偏高"可能会更容易接受, 尽管这看起来像文字游戏, 但却有助于分析会议的推进。

HAZOP 分析要尽可能地识别出所有的偏差, 避免有遗漏。分析人员可借助专业的 HAZOP 分析软件根据分析对象自动设置偏差, 在软件自动设置的基础上进行偏差增减。

2)分析团队

HAZOP 方法简单易学, 分析过程就是一场头脑风暴。因此, 分析结果的深度与参会者的专业组成、工作经验、对生产装置的了解程度有很大的关系。不同的团队分析同一个装置可能得出的结果也会不同。

通常，分析团队由 HAZOP 主席、安全工程师、工艺工程师、自控工程师、设备工程师、操作人员等相关专业背景的人员组成。有些企业还要求有持有 HAZOP 分析主席证书的人员组织会议。但 HAZOP 分析对工艺、设备、自动化等专业技能要求较高，非仅掌握分析技巧的人就能实施好 HAZOP 分析，分析团队的综合能力及会议组织起关键性作用。

HAZOP 分析可以由建设单位自行完成，也可以由设计单位、第三方咨询公司完成，不同组织方式各有其优缺点。

一些大型国有企业或外资企业，因内部保密等需要，HAZOP 分析一般由专门的 HSE 部门牵头完成。企业内部做 HAZOP 分析的优势在于团队人员了解装置的情况；缺点是企业生产任务重，安全部门作为组织部门无法有效地组织各部门长时间参加分析会议，同时会出现操作习惯及思维定式的弊端，以及会忽略标准规范、法律法规的要求等。

由设计单位组织做 HAZOP 分析也较为常见，优点是设计单位专业齐全，可以组织建设单位的相关专业人员共同参与 HAZOP 分析；缺点是初步的 P&ID 等基础资料均由设计单位完成，若分析团队依然由设计团队人员组成，可能会议会流于形式，无法得出建设性的意见。

由第三方咨询公司组织建设单位、设计单位做 HAZOP 分析，优点是引入了第三方咨询公司的专业力量，可以规避建设单位内部组织不力，以及设计单位原班人马思维定式的问题；缺点是对第三方咨询公司分析团队人员的专业能力和经验有较高的要求，第三方咨询公司人员要能为装置的风险识别和控制措施提出有效的引导和建议。

3）分析时机

HAZOP 分析在设计阶段和生产阶段进行均可，其各有优缺点，作用也各有不同。

设计阶段的 HAZOP 分析多以设计单位为主，此时生产装置尚未运行，更多的是从法律法规、标准规范的角度来完善安全措施。设计阶段进行的 HAZOP 分析产生的变更费用更少。生产实施阶段的 HAZOP 分析多以建设单位为主，工厂人员掌握了工艺生产步骤，明确了装置潜在的风险点，此时 HAZOP 能够结合实际有针对性地进行分析。

在设计阶段实施 HAZOP 分析的项目，建议在装置投产运行一年以后，由建设单位组织对 HAZOP 分析进行复核，对运行后的装置再次进行分析评估，分析存在的操作风险，并提出安全建议措施。如遇工艺变更，HAZOP 分析也可一并开展。

对涉及"两重点一重大"的生产装置，HAZOP 分析建议每 3 年复核一次；对不涉及"两重点一重大"的，建议每 5 年复核一次。HAZOP 分析主要是对一个期间内生产装置的运行、变更、停用等进行回顾，并结合最新的监管要求进行补充和完善。

4）所需资料

HAZOP 分析前，需准备的资料如图 7-4-1 所示。

（1）风险评价管理制度。

不同的风险矩阵对应不同的风险等级。合适的后果严重性划分，对 HAZOP 分析结果有着关键性的影响。对于安全管理制度完善的企业，HSE 部门会制定企业的风险评价管理

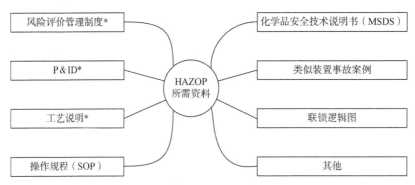

图 7-4-1 HAZOP 分析所需资料图

带 * 标记的资料为必备资料

制度，用于管理和统一企业的风险评价。

值得注意的是，某些大型项目可能由多个总承包单位承建，也有些项目是分批建设的，这就存在着各生产装置的 HAZOP 分析并非由同一单位负责的情况。为了统一企业的风险管理，HAZOP 分析采用统一的风险矩阵就至关重要，因此 HSE 部门有必要制定企业的风险评价管理制度。

（2）P&ID。

分析范围内的 P&ID 是 HAZOP 分析的基础文件。

有些已运行多年的装置，因安全检查提出须进行 HAZOP 分析，但可能现在的生产团队已经不是当初项目的建设团队，同时装置也陆续做了一些大大小小的改造，造成装置的现状与 P&ID 图纸不一致，这给 HAZOP 分析的准备工作带来了很大的困难。

（3）工艺说明。

工艺说明可帮助 HAZOP 分析团队快速熟悉 P&ID，方便划分分析节点，同时了解生产工艺，有助于提升 HAZOP 分析的质量。

（4）操作规程（SOP）。

在关注工艺、设备、自控等硬件设施是否完善的同时，分析人员还需关注生产过程中的操作问题。完善的操作规程可以有效地指导人员进行生产操作。

操作规程规定了生产过程的具体步骤及维护要求等，可方便 HAZOP 分析团队了解生产过程。对于新建项目，前期可能还未编制操作规程，故操作规程是可选资料。

（5）化学品安全技术说明书（MSDS）。

化学品安全技术说明书中描述了化学品的理化特性、健康危害、燃爆风险、消防措施、个体防护等内容，方便 HAZOP 分析时根据介质的特性，识别其风险，提出对应的建议措施。

（6）类似装置事故案例。

装置发生火灾、爆炸后的后果严重程度可参考以往类似装置事故案例的后果进行确定。类似装置事故案例一般由 HAZOP 分析牵头单位负责收集和统计，这样既可以了解类似装置事故发生的原因，又可以了解事故造成的后果。企业的安全管理人员及操作人员往往认为自己的工厂是安全的，常常会忽略一些不安全的隐患，通过在 HAZOP 分析会议之前回顾类似装置的事故案例，提示企业人员那些看起来不会造成风险的隐患确实在其他工厂发生过，应当引以为戒。

表 7-4-2 以某精细化工项目的 HAZOP 分析为例，列示了在分析会议开始前收集到的以往类似装置事故案例。

表 7-4-2 类似装置事故案例（示例）

序号	装置	事故直接原因	事故后果
1	蒸馏	在事故发生前的 4 个多小时时间里，6 号废水处理装置醚化碱洗废水蒸馏釜的反应温度、压力出现了持续的超温、超压等异常工况，但异常工况并未得到有效处置	约 20m² 车间顶部发生坍塌，造成 4 人受伤（1 人重伤、3 人轻伤）
2	蒸馏	由于甲基邻苯二胺（粗品）含有的杂质在蒸馏过程中随着甲基邻苯二胺的产出，浓度逐渐升高，在一定的温度和空气进入釜内的条件下，发生化学反应，引起爆炸	造成 3 人死亡，3 人受伤
3	胺化	事故发生时冷却失效，且安全联锁装置被企业违规停用，大量反应热无法通过冷却介质移除，体系温度不断升高；反应产物对硝基苯胺在高温下易发生分解，导致体系温度、压力极速升高造成爆炸	造成 3 人死亡，3 人受伤
4	酯化	该公司在生产巯基乙酸乙酯的过程中，使用巯基乙酸和异辛醇在负压下进行酯化反应，反应釜真空管堵塞，造成釜内形成正压，压力升高，釜内液体异辛醇溅出发生爆裂	造成 3 人受伤

（7）联锁逻辑图。

当 P&ID 上联锁逻辑标识不明确时，需要联锁逻辑图（或因果表、联锁说明）辅助描述现有的控制措施。

（8）其他。

安全评价报告、在役装置诊断报告、总平面布置图、设备平面布置图、设备数据表、事故应急预案等，均可辅助 HAZOP 分析。

2. HAZOP 分析流程

AQ/T 3049—2013《危险与可操作性分析（HAZOP 分析）应用导则》中，将 HAZOP 分析流程分为要素优先和引导词优先两种分析习惯。

要素是指节点中的组成部分，如某节点中包括了储罐、泵、反应器等，储罐就是其中的一个组成要素。当以要素优先时，选择储罐为分析要素，分别选择不同的偏差（如温度过高、压力过高、液位过高）等对其进行分析。当以引导词优先时，选择一个引导词，如压力，分别分析节点中的储罐、泵、反应器等压力过高、压力过低所造成的后果。

在进行 HAZOP 分析时，分析人员应决定选择要素优先还是引导词优先，因为 HAZOP 分析的习惯会影响分析顺序的选择。

图 7-4-2 为要素优先的 HAZOP 分析流程，图中的确定风险矩阵和 P&ID 节点划分属于分析会议前的准备工作。

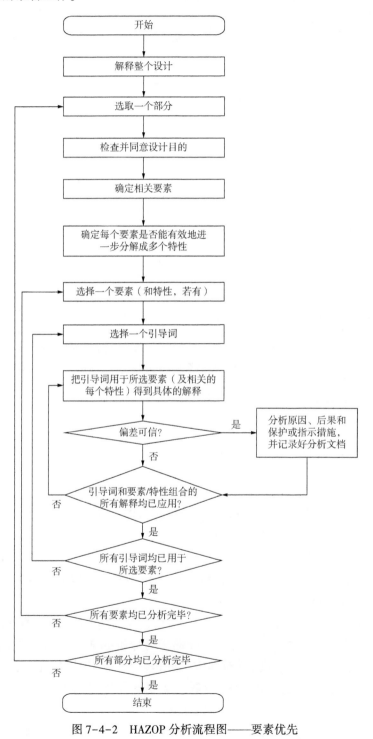

图 7-4-2　HAZOP 分析流程图——要素优先

HAZOP 分析工作要合理安排时间，在分析会议之前需准备充足；分析会议不宜连续开展，否则会造成人员精神疲惫、分析遗漏等；对于工艺流程较长的分析项目建议以每周 2~3 天的会议为宜，关键要做好分析记录；为了推进分析会议进度，项目可以采用多个分析小组同时进行的方式，也可以采用会议录音的方式，以减少记录人员现场记录的时间。

1）风险矩阵

风险矩阵的制定不仅要结合企业的安全风险评价管理制度，还要结合目前国内法律法规的要求。风险矩阵如果制定得过于宽松，则不适宜当前严峻的安全管理形势；过于严格，则会大大提高各个偏差导致的后果风险等级，造成保护措施投资大幅度增加等。因此，企业需要制定一个合适的风险矩阵表用于 HAZOP 分析。

风险 R（Risk）是严重性 S（Serious）和可能性 L（Likely）的组合：

$$R = SL \tag{7-4-1}$$

事故的严重性等级可参考《危险化学品生产、储存装置个人可接受风险标准和社会可接受风险标准（试行）》（安监总局公告 2014 年第 13 号）、GB/T 32857—2016《保护层分析（LOPA）应用指南》等文件。这些文件主要从人员伤亡、直接经济损失、停工损失、环境影响、声誉影响等方面考虑。不同角度关注的后果不一样：政府监管部门关注的是人员伤亡、环境影响、声誉影响等；客户关注的是停工时间，因为停工后会导致客户原料供应不足；而企业则不仅要关注安全、环境等风险，还会关注经济损失。

依据《生产安全事故报告和调查处理条例》（国务院令第 493 号），根据生产安全事故造成的人员伤亡或直接经济损失，事故一般分为特别重大事故、重大事故、较大事故、一般事故 4 个等级。其中，一般事故指造成 3 人以下死亡，或者 10 人以下重伤，或者 1000 万元以下直接经济损失的事故，所称的"以下"不包括本数。

在划分人员伤亡的后果严重性等级时，建议以一般事故为最严重的等级，即人员伤亡对应"1~2 人死亡，或者 3~9 人重伤"。因为目前的监管要求是出现人员死亡即停产整顿，所以要求严格的企业规定：当事故出现 1 人次死亡时即认定为最严重等级的后果。

直接经济损失指因事故造成人身伤亡及善后处理支出的费用和毁坏财产的价值，包括人身伤亡所支出的费用（医疗费用、丧葬及抚恤费用、补助及救济费用和误工费等）、善后处理费用（处理事故的事务性费用、现场抢救费用、清理现场费用、事故罚款和赔偿费用等）、财产损失费用（固定资产损失和流动资产损失）。直接经济损失的后果严重性等级，可以根据一般事故的"1000 万元"为最严重的等级，也可根据企业的承受能力适当进行调整。

停工损失属于间接损失，如工作损失价值、资源损失价值、处理环境污染的费用、补充新职工的培训费用及其他损失费用。停工是有密切上下游关系（如代加工厂、原料药工厂与制剂工厂等）的客户所在意的事，故有客户严格审计的项目还会单独出具一份面向客户的 HAZOP 分析报告，辨识危险事件发生后导致的停工后果。

对于环境影响和声誉影响的后果划分，绝大多数企业是一样的。过去，因环保监管力度不严、信息传输闭塞，众多企业忽略了事故对环境的影响和对社会稳定性的影响。有些事故并不会造成人员伤亡，却会造成严重的环境影响（如装卸码头泄漏，原油泄漏至海中）；有些事故虽然没有太大的损失，但经过网络大范围的传播，会造成负面的社会影响。

表7-4-3是某项目采用的后果严重性等级划分表，后果严重等级分为0~5级，5级最严重。其他项目也可参考执行。在具体应用时，人员伤亡和直接经济损失可根据企业自身的风险承受能力及安全管理目标进行调整，但不应低于法律法规中给出的标准。

表 7-4-3　严重性等级划分表 (示例)

严重性等级	后果				
	人员伤亡	直接经济损失	环境影响	停工	声誉影响
0	无人员伤亡	无影响	无影响	无影响	无影响
1	急救，短时间身体不适	10万元以下	轻微影响，未超过界区	受影响不大，几乎不停工	企业内部关注，形象没有受损
2	医疗处置，轻伤，工作受限	10万~50万元	较小影响，不会受到管理部门的通报或违反允许条件	一套装置停工或设备停工	园区、合作伙伴影响
3	对健康有轻微永久性伤害（骨折、听力丧失、慢性病）	50万~100万元	局部影响，受到管理部门的通报或违反允许条件	两套装置停工或设备停工	本地区内影响，政府管制，公众关注负面后果
4	对健康有永久性伤害，丧失劳动能力	100万~500万元	重大泄漏，给工作场所外带来重大影响	两套以上装置停工或设备停工	国内影响，政府管制，媒体和公众关注负面后果
5	1~2人死亡或丧失劳动力，3~9人重伤	500万~1000万元	重大泄漏，给工作场所外带来严重的环境影响，且会导致直接或潜在的健康危害	全厂停工	国际性影响

在进行 HAZOP 分析时，人员伤亡可根据操作区域的人数进行估算；直接经济损失可根据分析对象中的设备、物料、管道等费用进行估算；环境影响和声誉影响可参考类似装置发生事故后，对周围环境造成的破坏，以及国内国际媒体的报道情况进行确定。

可能性等级一般划分为5级（也有一些企业划分为6级），见表7-4-4。石化行业内对可能性划分基本一致。

表 7-4-4　可能性等级划分表(示例)

可能性等级	频率	描述
1	几乎不可能	只有在特殊的情况下会发生，或在同行业内从未发生，但并非完全不可能
2	可能性小	同行业未发生过，但在其他行业发生过的事件
3	可能	在同行业发生过
4	相当可能	在公司已经发生过的事件
5	频繁	在大多数情况下可能会发生，或在装置每年发生几次

　　严重性等级和可能性等级相乘得出风险值，对应表 7-4-5 的风险等级。不同的风险等级应采取不同级别的管控措施，当在保护措施不足以降低风险等级时，企业应制订相应安全措施的整改期限。

表 7-4-5　风险等级及控制措施表(示例)

风险值	风险等级	应采取的管控级别	实施管控措施
1~8	低风险	班组、岗位管控	有条件、有经费时完善管控措施
9~12	中风险	车间(部室)级、班组、岗位管控	建立目标、建立操作规程，加强培训及沟通
15~16	高风险	公司(厂)级、车间(部室)级、班组、岗位管控	立即或近期补充管控措施，定期检查、测量及评估
20~25	重大风险	公司(厂)级、车间(部室)级、班组、岗位管控	立即补充管控措施，以期降低风险级别，定期检查、测量及评估

　　表 7-4-3 至表 7-4-5 可转换成表 7-4-6 的风险矩阵。

表 7-4-6　HAZOP 分析用风险矩阵表(示例)

严重性	可能性				
	1	2	3	4	5
	几乎不可能	可能性小	可能	相当可能	频繁
0	低	低	低	低	低
1	低	低	低	低	低
2	低	低	低	低	中
3	低	低	中	中	高
4	低	低	中	高	重大
5	低	中	高	重大	重大

2) 节点的划分

很多生产装置的流程较长，所以要划分分析节点——从哪儿开始分析，分析到哪儿才算结束。划分节点有助于对长流程 P&ID 进行条理性的风险分析。分析节点划分得太小，则会出现大量的重复工作，增加工作量；分析节点划分得太大，则可能会使分析目标不够明确，从而导致分析遗漏或分析不到位。

HAZOP 常见的分析节点类型见表 7-4-7。

表 7-4-7　常见的节点类型

序号	节点类型	序号	节点类型
1	作业步骤	8	泵
2	管线	9	鼓风机
3	间歇反应器	10	换热器
4	连续反应器	11	加热炉
5	罐/槽/容器	12	公用工程
6	塔	13	以上节点的合理组合
7	压缩机	14	其他

划分分析节点采取单元划分、物料划分或两者结合的方式划分，在项目中较为常见。另外，也可以一张 P&ID 为一个分析节点。节点的划分没有规则或标准，所以不存在对或错，只要便于合理、有序地安排 HAZOP 分析进度即可。

HAZOP 分析节点的划分在 HAZOP 分析会议之前完成，并提前将节点、拟分析的偏差等信息录入 HAZOP 分析记录表中，以节约 HAZOP 分析会议时间，提高分析效率。

3）小偏差及原因

化工生产装置是由化工设备和管线组成的。设备和管线是 HAZOP 分析节点中的主要组成要素。常见的化工设备有泵、风机、压缩机、储罐、反应釜、反应器、塔、换热器、锅炉、燃烧炉、过滤设备等。设备的部分偏差是由其配套的管线物料偏差引起的。

总结常见设备的偏差有利于正确引导 HAZOP 分析，能够尽量减少偏差分析遗漏。但还要意识到，HAZOP 分析不仅是"八股文"式的设备偏差分析，还应结合具体工艺及工艺系统上下游的关联设施，全面地进行风险识别。

引起偏差产生的原因也可称为初始事件。GB/T 32857—2016《保护层分析（LOPA）应用指南》中，将初始事件分为外部事件、设备故障和人的失效三大类，见表 7-4-8。

表 7-4-8　初始事件类型

序号	类别	描述
1	外部事件	自然灾害、临近工厂的重大事故、破坏或恐怖活动、雷击等
2	设备故障	控制系统失效（包括变送器、阀门、控制系统、软件失效，以及配套的电力、压缩空气等失效）、设备故障、公用工程系统失效等
3	人的失效	未能正确对工艺过程进行响应、未按操作规程要求操作、维护失误、误操作等

在 HAZOP 分析过程中，外部事件主要考虑自然因素对生产过程的安全影响。例如：雷击现象会导致装置误停车或引发火灾事故；冬季伴热不当会导致管线堵塞、循环水结冰，造成安全风险；过于干燥的天气会产生静电，从而引起火花；雨水过多的地方造成仪表、接线箱等进水等，从而影响生产。因此，设计人员要考虑"南方防雷、北方防冻"。自然灾害需从建筑、结构、总图、给排水等专业角度考虑，HAZOP 分析主要针对的是工艺流程。

随着各行业自动化程度的提高，控制系统失效可能是引起工艺偏差的主要原因之一。例如：反应釜内压力升高，但压力变送器显示偏低；或阀门在需要动作时卡涩，无法有效执行控制系统命令；抑或控制系统本身的硬件或软件发生故障。检测仪表、阀门、控制系统都存在一定的失效概率，需通过定期的校验、检查、维护、更换等确保设备的完好性和可用性。

人员误操作是事故发生的最主要原因，因此 HAZOP 分析应多关注企业日常管理规程和规章制度，用于约束人的不安全行为。同时，提升生产装置、设备的本质安全可从根本上避免出现安全生产事故。

表 7-4-9 中列举了部分设备的偏差及偏差产生的原因，供 HAZOP 分析参考。具体分析还需结合项目实际情况进行增减。

表 7-4-9　部分设备偏差及原因(示例)

序号	设备	偏差	偏差产生的原因
1	间歇式反应釜	温度过高	(1) 温度控制回路失效； (2) 人员操作失误，误打开热媒阀门或热媒阀门内漏； (3) 搅拌停止； (4) 催化剂过量； (5) 物料滴加速度过快； (6) 温度计未插入液面以下； (7) 环境温度过高
		温度过低	(1) 热媒供应失效或冷媒温度过低； (2) 催化剂加入不足； (3) 人员操作失误，误打开冷媒进料阀或冷媒阀门内漏； (4) 环境温度过低
		压力过高	(1) 压力控制回路失效； (2) 温度过高； (3) 真空系统失效； (4) 放空堵塞； (5) 高压窜低压，如氮气减压阀失效、冷凝器内漏、夹套内漏等； (6) 空气混入

续表

序号	设备	偏差	偏差产生的原因
1	间歇式反应釜	液位过高	(1) 进料管线流量控制回路失效; (2) 人员操作失误,导致进料过多; (3) 液位计虚假液位; (4) 大量氮气进入鼓泡,导致虚假液位; (5) 上一批物料残余; (6) 冷凝器泄漏或夹套泄漏
		液位过低	(1) 釜底阀泄漏; (2) 人员操作失误或进料流量调节回路失效,导致投入量过少; (3) 物料泄漏至夹套公用工程系统中; (4) 液位计虚假液位
		氧含量过高	(1) 投料过程中混入空气; (2) 检修过程中混入空气; (3) 氮气置换不完全; (4) 泄漏,外部空气混入; (5) 反应产生氧气
		水含量过高	(1) 物料中水含量过高; (2) 反应釜未烘干; (3) 反应釜夹套内涌,或冷凝器内漏; (4) 清洗用水管线阀门误打开或内漏
		投料比例错误	(1) 流量控制回路失效; (2) 流量计未清零; (3) 人员投料操作失误; (4) 配方错误
		误投料	(1) 人员操作失误; (2) 仓库发放错误; (3) 阀门误打开或内漏
2	储罐	温度过高	(1) 环境温度过高; (2) 进料温度过高; (3) 冷却系统失效; (4) 伴热系统误打开或阀门内漏; (5) 温度控制回路失效

序号	设备	偏差	偏差产生的原因
2	储罐	温度过低	(1) 环境温度过低； (2) 伴热系统失效； (3) 温度控制回路失效； (4) 进料温度过低
		压力过高	(1) 上游设备压力过高； (2) 压力控制回路失效； (3) 温度过高，介质挥发过多； (4) 排空堵塞或排空阀误关闭； (5) 减压阀等失效导致高压窜低压； (6) 冷凝器等泄漏导致公用工程介质进入储罐； (7) 液位过高
		压力过低	(1) 泄漏； (2) 压力控制回路失效； (3) 氮封失效； (4) 环境温度骤降； (5) 泵出料时放空阀失效
		液位过高	(1) 液位控制回路失效； (2) 人员误操作导致进料过多； (3) 公用工程介质泄漏至储罐； (4) 上一批物料有残余
		液位过低	(1) 液位控制回路失效； (2) 泄漏； (3) 人员操作失误，未及时加料
		浮盘内可燃气体浓度过高	(1) 浮盘密封不严； (2) 放空口堵塞
3	塔	温度过高	(1) 进料温度过高； (2) 回流失效； (3) 温度控制回路失效； (4) 填料堵塞； (5) 物料中活性炭自燃

序号	设备	偏差	偏差产生的原因
3	塔	温度过低	(1) 进料温度过低； (2) 温度控制回路失效； (3) 回流过多； (4) 再沸器热媒温度过低
		压力过高	(1) 上游系统压力过高； (2) 真空系统失效； (3) 氮气通入过多； (4) 公用工程介质泄漏至塔内； (5) 填料堵塞
		差压过大	填料堵塞
		液位过高	(1) 液位控制回路失效； (2) 进料过多，出料过少； (3) 公用工程介质泄漏至塔内
		液位过低	(1) 进料过少，出料过多； (2) 液位控制回路失效； (3) 泄漏
		回流量过大	(1) 流量控制回路失效； (2) 人员操作失误，回路阀门开度过大
		回流量过小	(1) 流量控制回路失效； (2) 回流管线堵塞或阀门误关闭
4	换热器	物料出口温度过高	(1) 温度控制回路失效； (2) 冷却系统失效； (3) 物料流速过快，未及时换热； (4) 进料温度过高； (5) 环境温度过高
		物料出口压力过高	(1) 上游系统压力过高； (2) 换热器内漏，公用工程介质进入物料中； (3) 真空系统失效； (4) 排空不畅
5	泵	出口压力过高	(1) 入口压力过高； (2) 介质含颗粒或伴热失效，导致出口管线堵塞； (3) 止回阀卡死； (4) 出口阀门开度过小

序号	设备	偏差	偏差产生的原因
5	泵	出口压力过低	(1) 入口不满管； (2) 入口压力过低； (3) 泵故障或停运； (4) 出口阀门开度过大； (5) 泄漏
		入口不满管	(1) 上游阀门开度过小或卡堵； (2) 泵前管线泄漏； (3) 泵出口流量过大，进口未及时补充物料； (4) 泵前管线堵塞
6	电动机	温度过高	(1) 超负荷运行； (2) 环境温度过高； (3) 风扇失效； (4) 泵空转或憋压； (5) 物料温度过高
		电流过大	(1) 物料黏稠，造成搅拌卡堵； (2) 轴承、减速机、轴弯曲损坏； (3) 异物进入设备或管道，导致卡堵
		电流过小	(1) 联轴器断裂； (2) 搅拌机脱杆
		减速箱温度过高	(1) 润滑系统失效或泄漏； (2) 内部齿轮、轴承损坏
		机械密封温度过高	(1) 冷却系统失效； (2) 密封液泄漏； (3) 机封内轴承损坏
		机械密封液位过低	(1) 泄漏； (2) 损耗
7	导热油炉	炉膛温度过高	(1) 大火持续燃烧； (2) 盘管击穿或渗漏，导热油在炉膛内燃烧； (3) 人员误操作，温度控制回路设置值过高； (4) 车间导热油热量消耗过少
		表面温度过高	(1) 炉膛温度过高； (2) 防火泥脱落

续表

序号	设备	偏差	偏差产生的原因
7	导热油炉	出口导热油温度过高	炉膛温度过高
		出口导热油温度过低	(1) 燃烧器未正常运行； (2) 燃气压力过低； (3) 车间负荷过大； (4) 导热油进炉量过大
		炉膛压力过高	(1) 送风过多； (2) 烟气出口堵塞； (3) 人员误操作，氮气进入
		炉膛压力过低	未有效送风
		出口导热油压力过高	(1) 进料压力过高； (2) 后续管线堵塞或控制阀开度过小； (3) 油温过低； (4) 导热油过热沸腾汽化
		出口导热油压力过低	(1) 进料压力过低； (2) 后续阀门开度过大； (3) 泄漏
		出口导热油流量过高	(1) 出口控制阀开度过大； (2) 泄漏
		出口导热油流量过低	(1) 出口控制阀开度过小； (2) 泵故障或停运； (3) 泵出口管道堵塞； (4) 导热油总管来料过少
		炉膛氧含量过高	天然气过少，送风量过多
		炉膛氧含量过低	(1) 天然气过多，送风量过少； (2) 氮气管线误操作打开
		烟气再循环量过多	(1) 再循环管线阀门开度过大； (2) 通往烟囱气量过少
		烟气再循环量过少	再循环管线堵塞，阀门开度过小

续表

序号	设备	偏差	偏差产生的原因
8	锅炉汽包	压力过高	(1) 蒸汽未及时排放； (2) 锅炉烧干后补水大量汽化； (3) 出蒸汽管线误关闭
		液位过高	(1) 液位调节回路失效； (2) 给水阀门内漏； (3) 液位计虚假液位； (4) 操作人员离岗，并未对水位计进行监控
		液位过低	(1) 液位调节回路失效； (2) 水供应不足； (3) 液位计虚假液位； (4) 排污阀泄漏或忘关闭； (5) 操作人员离岗，并未对水位计进行监控； (6) 管道或设备破裂泄漏

HAZOP 分析人员应注重整理常见设备的偏差，方便全面分析偏差形成的可能性。只有充分识别风险的初始事件，分析人员方可制定措施防止初始事件的发生。

HAZOP 分析记录表中应详细描述设备名称、设备位号、仪表名称、仪表位号等，如"流量调节回路 FQIC-101 失效导致反应釜 R101 进料过多"或"冷凝器 E-101 内漏，循环水进入反应釜 R101 中"。

4）风险等级及措施

HAZOP 分析小组根据偏差导致的后果，从人员伤亡、直接经济损失、停工、环境影响、声誉影响等方面分析其风险等级。值得注意的是，HAZOP 记录人员应对分析出的后果进行详细的描述记录，如"可能造成 1 人眼睛永久性失明"或"可能引起火灾和爆炸，造成 1~2 人死亡；造成直接经济损失 300 万元；造成局部环境影响；造成全厂停工；造成国内影响"等，这样有利于 HAZOP 报告的后续审查和追溯。

HAZOP 分析方法本身用于风险识别，只需识别出风险点。但在实际工程应用中，仅识别出风险点，没有分析应对措施是不完整的，因此 HAZOP 分析还需识别出现有的保护措施。某事故调查报告中提到"保护措施和建议措施与事故发生的初始事件不匹配"，所以分析人员应重视"保护措施"与"导致偏差的原因"的匹配对应关系。

在某些 HAZOP 分析会议中，HAZOP 分析组长刚提出偏差进行引导（如"反应釜 R101 压力过高"），小组成员就会有提出"压力不会过高，我们有压力控制回路"或"压力不会高，我们设置了安全阀"等异议，这是对 HAZOP 分析流程了解不够的表现。上述描述中"压力控制回路"和"安全阀"都是现有保护措施，它们都有一定的失效概率。若没有这些保护措施，事故发生的可能性会增高；设置保护措施则会降低事故发生的可能性。

表 7-4-10 是某项目 HAZOP 分析记录表的节选，表格中的"可能性"指的是在现有措施有效作用的前提下发生事故的可能性。

表 7-4-10　某项目 HAZOP 分析记录表 (部分)

偏差	原因	后果	现有措施	可能性	类别	严重性	风险等级	建议措施
反应釜 R101 压力过高	(1) 压力控制回路 PICA-101 失效； (2) R101 温度过高； (3) 真空机组 V-101 系统失效； (4) 放空堵塞； (5) 氮气减压阀 PCV-101 失效，氮封压力过高； (6) 冷凝器 E-101 内漏，循环水进入 R101 中； (7) R101 夹套内漏，循环水或蒸汽进入 R101 中； (8) 空气混入 R101 中	可能发生冲料，物料泄漏会引发火灾，造成人员受伤，短期内身体不适；直接经济损失 150 万元；一套装置停工；环境区域影响；事故受到区域内关注	(1) 每年对 PICA-101 控制回路进行测试； (2) R101 设置温度控制回路 TIC-101； (3) R101 设置压力变送器 PT-101 信号在 DCS 上指示报警，操作人员及时处理； (4) 氮气进车间总管设置安全阀 PSV-101，当压力过高时泄压； (5) 生产前进行气密性测试； (6) 反应釜 R101 设置安全阀 PSV-102	2	人员	2	低	SOP 中增补：冷凝器 E-101 每年打压测试一次；每年进釜 R101 检查一次，并到期更换
					财产	4	低	
					停工	2	低	
					环境	3	低	
					声誉	3	低	

注：因篇幅有限，表 7-4-10 中产生偏差的 8 条原因合并在一起记录；在实际应用中建议分开记录，以便针对性地梳理现有措施和建议措施。

表 7-4-11 将风险划分为初始风险 (没有任何保护措施时的风险)、剩余风险 1 (现有措施保护下残余的风险) 和剩余风险 2 (现有措施和建议措施保护下残余的风险)，通过增加保护措施降低事故发生的可能性，有利于更直观地了解 HAZOP 分析过程。

从表 7-4-10 和表 7-4-11 可以看出，通过对事故发生后果的可能性和严重性进行量化来决定偏差的风险等级，在一些场合并不容易被准确判断，尤其是在精细化工生产装置中。精细化工生产装置很多是配方式生产，新的生产工艺在经过小试、中试以后，并没有大规模生产的经验和数据，故 HAZOP 分析对反应放热情况就没有实际的生产经验和数据；对于一些蒸馏工艺，蒸馏釜物料被蒸干的风险并没有经过实验论证。

精细化工生产的主要安全风险来自工艺反应的热风险，反应工艺危险度评估是精细化工生产装置安全风险评估的重要评估内容。经过评估后，企业可以准确掌握精细化工生产的反应特性。

《精细化工反应安全风险评估导则 (试行)》(安监总管三〔2017〕1 号) 中，将反应工艺危险度等级分为 1~5 级，反应危险性依次提高，5 级的危险性最高，详见表 7-4-12。

表 7-4-11 分析记录表

要素	偏差	原因	后果	类别	初始风险			现有措施	剩余风险1	建议措施	剩余风险2	执行人
					严重性	可能性	风险等级					
反应釜 R101	压力过高	(1) 压力控制回路 PICA-101 失效; (2) R101 温度过高; (3) 真空机组 V-101 系统失效; (4) 放空堵塞; (5) 氮气减压阀 PCV-101 失效,氮封压力过高; (6) 冷凝器 E-101 内漏,循环水进入 R101 中; (7) R101 夹套内漏,循环水或蒸汽进入 R101 中; (8) 空气混入 R101 中	可能发生冲料、物料泄漏会引发火灾,造成人员受伤、短期内身体不适;直接经济损失 150 万元;一套装置停工;环境区域影响;事故受到区域内关注	人员	2		低	(1) 每年对 PICA-101 控制回路进行测试; (2) R101 设置温度控制回路 TIC-101; (3) R101 设置压力变送器 PT-101 信号在 DCS 上指示报警,操作人员及时处理; (4) 氮气进车间总管设置安全阀 PSV-101,当压力过高时泄压; (5) 生产前进行气密性测试; (6) 反应釜 R101 设置安全阀 PSV-102	中	操作规程中增补:冷凝器 E-101 每年打压测试一次; 每年进釜 R101 检查一次,并到期更换	低	工厂
				财产	4		中					
				停工	2	3	低					
				环境	3		中					
				声誉	3		中					

表 7-4-12　反应工艺危险度等级

等级	后果
1	反应危险性较低
2	潜在分解风险
3	存在冲料和分解风险
4	冲料和分解风险较高，潜在爆炸风险
5	爆炸风险较高

针对不同的反应工艺危险度等级，企业应建立不同的风险控制措施：

（1）对于反应工艺危险度为 1 级的工艺过程，配置常规的自动化控制系统，对主要反应参数进行监控和调节。

（2）对于反应工艺危险度为 2 级的工艺过程，在配置常规的自动化控制系统，对主要反应参数进行监控和调节的基础上，还要设置必要的报警和联锁。对于可能超压的反应系统，应设置爆破片或安全阀等泄放设施。根据评估建议，设置相应的安全仪表系统。

（3）对于反应工艺危险度为 3 级的工艺过程，在配置常规的自动化控制系统，对主要反应参数进行监控和调节，设置必要的报警和联锁，设置爆破片或安全阀等泄放设施的基础上，还要设置紧急切断、紧急终止反应、紧急冷却降温等控制措施。根据评估建议，设置相应的安全仪表系统。

（4）对于反应工艺危险度为 4 级和 5 级的工艺过程，优先开展工艺优化或改变工艺方法来降低风险，如通过微反应、连续流完成反应；配置常规的自动化控制系统，对主要反应参数进行监控和调节，并设置必要的报警和联锁；设置爆破片或安全阀等泄放设施；设置紧急切断、紧急终止反应、紧急冷却降温等控制措施；进行保护层分析，配置独立的安全仪表系统。

对于反应工艺危险度达到 5 级并必须实施产业化的项目，企业在设计时就应设置防爆墙将相关设备隔离在独立空间中，并设置完善的泄压泄爆设施，实现全面的自动化控制。除装置安全技术规程和岗位操作规程中对于进入隔离区有明确规定的，生产过程中人员不得进入隔离区。

目前，精细化工行业涉及重点监管的危险工艺和格氏反应，需根据监管文件要求进行反应风险评估。随着企业自建实验室和第三方专业实验室的增多，反应风险评估将会应用到更多工艺过程中。

5）分析汇总

对于工艺流程较长的生产装置，其 HAZOP 分析记录表有数百页，为了突出重点，分析汇总人员可将初始风险等级为中风险及以上的偏差汇总，见表 7-4-13。

同时，建议措施可按工艺、设备、自控、日常管理、操作规程等方面分类汇总，示例见表 7-4-14。评判一个 HAZOP 分析报告的质量，最重要的指标之一是"是否充分辨识装置潜在的风险因素"。某些项目声称"经过 HAZOP 分析，提出 100 多条建议措施"，并以此作为宣传点，这并不妥当。换个角度来看，该项目声称的内容可以被理解为"原有设计或者管理不完善、漏洞过多"。

表 7-4-13 中风险及以上等级偏差汇总(示例)

序号	偏差	后果	风险等级	HAZOP 分析记录表中位置
1	反应釜 R101 压力过高	可能发生冲料，物料泄漏会引发火灾，造成人员受伤，短期内身体不适；直接经济损失 150 万元；一套装置停工；环境区域影响；事故受到区域内关注	中	序号 1.1
2	活性炭料斗 V-101 压力过高	活性炭会发生泄漏，若粉尘大面积泄漏后可能造成爆炸，造成 1~2 人死亡或重伤；直接经济损失 600 万元；一套装置停工；区域环境影响；国内媒体报道	高	序号 2.5
3	反应釜 R102 物料比例错误	影响产品质量，导致客户投诉，造成经济损失 250 万元	中	序号 4.6

表 7-4-14 HAZOP 建议措施汇总(示例)

序号	类别	建议措施	HAZOP 分析记录表中位置	执行人	整改期限
1	工艺/设备	反应釜 R101 氮气管线增设止回阀	序号 1.4	设计院	即日起 1 个月内完成
2	SOP	反应釜 R102 开车检查表中增加盲板检查	序号 4.3	工厂	即日起 15 天内完成
3	自动化	在 V101 氮气减压阀 PSV-101 后增加压力开关，信号送至 DCS 上指示报警	序号 6.2	工厂	即日起 2 个月内完成，在整改期间需增加监管措施

针对 HAZOP 分析提出的建议措施，企业根据初始事件的风险等级制订相应的整改计划，并需对整改情况进行后续跟踪，是对 HAZOP 分析工作的闭环。近年来，一些化工园区的监管部门，在对企业进行安全检查时增加了"HAZOP 分析建议措施落实情况"项，这说明政府监管部门也充分肯定了 HAZOP 分析在安全管理中的重要地位。

3. HAZOP 分析软件

HAZOP 分析记录表可以使用 Word、Excel 等文字处理工具，也可以借助专业的 HAZOP 分析软件。HAZOP 分析软件可以实现内置偏差设置、偏差原因参考、计算风险等级、导出报表、汇总建议措施、汇总中级以上风险等功能，方便提升分析会议的效率。

图 7-4-3 展示了歌略 RiskCloud 软件 HAZOP 分析模块。

当然，HAZOP 分析软件只是辅助工具，不能代替 HAZOP 分析小组成员对工艺装置、安全管理的理解，所以 HAZOP 分析还应以人工为主、软件为辅。

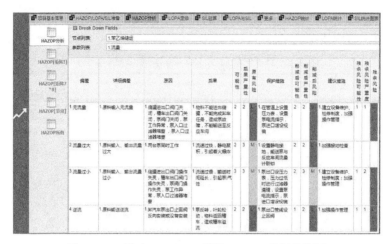

图 7-4-3 歌略 RiskCloud 软件 HAZOP 分析模块图

4. HAZOP 分析报告组成

目前，AQ/T 3049—2013《危险与可操作性分析（HAZOP 分析）应用导则》附录 A 中对 HAZOP 分析报告的编制提出了 7 条概述性的要求。T/CCSAS 001—2018《危险与可操作性分析质量控制与审查导则》中进行了详细描述。

一份完整的 HAZOP 分析报告应包括但不限于如下内容：

第一章　概述

1.1　术语、定义、缩略语

1.2　项目背景

1.3　HAZOP 分析范围

1.4　HAZOP 分析的依据

包括标准规范、业主提供的资料等；列出所有图纸或文件的编号、图名称、版本号。

第二章　HAZOP 方法简介

包括 HAZOP 分析概念、目的、步骤、引导词及常用工艺参数、原则、优点、局限性等，以及 HAZOP 分析小组的组成要求、职责。

第三章　工艺说明

可包括工艺流程说明、操作流程、危险因素辨识情况等。

第四章　本项目 HAZOP 分析过程

4.1　HAZOP 分析小组组成

4.2　HAZOP 会议前准备

4.3　节点的划分

4.4　HAZOP 分析用风险矩阵

4.5　分析进度记录

第五章　分析汇总

包括建议措施汇总、中风险及以上偏差汇总。

附录

5. 小结

HAZOP 分析可以有效地辨识生产装置在设计中存在的不足,并能从设计、使用、审查等多方面、多角度给出完善的建议措施。HAZOP 分析的过程更像是重新审视一遍项目,用安全风险分析的方法识别工艺生产流程的风险点。HAZOP 分析报告是多专业、多部门、多单位人员思想碰撞和融合的结晶。

HAZOP 分析是安全完整性等级定级的基础,在工程建设和安全管理中起到重要作用,并能有效地降低事故的发生率。在完成 HAZOP 分析后,企业还需对其建议措施进行跟踪和回顾,确认 HAZOP 分析中达成一致的建议措施是否落实到位。

二、安全性等级评定

过程风险越高,就越需要安全系统更好地控制它。安全完整性等级是对安全系统安全性能水平的量度,不是对过程风险的直接测量。安全完整性等级是针对具体安全仪表功能回路的,故需对每个安全仪表功能回路进行安全完整性定级和验证。

1. 安全完整性定级

安全完整性定级的方法主要有最低合理可行的原则(As Low As Reasonably Practical,ALARP)、风险矩阵(Risk Matrix)、风险图(Risk Graph)、保护层分析(Layer Of Protection Analysis,LOPA),其中保护层分析在国内应用的最为广泛。因此,本书简单介绍保护层分析。

1) 保护层分析简介

HAZOP 分析能够对偏差引发的后果进行风险定级,但无法确定事故发生的频率,以及现有保护措施是否能够满足要求。这就需要对风险等级较高(中风险及以上,低风险一般无须采取措施)的偏差进一步分析。

保护层分析是一种半定量的分析方法,是在 HAZOP 基础上进一步对具体场景的风险进行相对量化的评估,评估保护层的有效性、确定安全仪表功能回路的安全完整性等级、识别安全仪表功能回路的安全关键动作等,其主要目的是确定是否有足够的保护层来控制风险,使其达到可接受的程度。

保护层分析可以和 HAZOP 分析合并为一次会议,由 HAZOP 组织单位及分析团队一起分析;也可以单独组织保护层分析会议,组织单位可以是 HAZOP 分析单位,也可以是其他第三方单位。

对于在役装置,如不需要做 HAZOP 分析,只需要对联锁回路进行安全完整性定级时,可将安全仪表系统联锁逻辑图中联锁触发的原因作为场景开始分析。如"转换炉出口温度与炉膛压力二取一后联锁停车"，其中一个安全仪表功能是"转换炉出口温度高联锁停车"，另一个安全仪表功能是"转换炉炉膛压力高联锁停车"，而不是把它作为一个安全仪表功能回路分析，因为不同偏差的原因可能不一样，安全措施也不同。

2）保护层模型

保护层模型又称洋葱模型。顾名思义，保护层是为工艺装置设置不同类型的安全防护措施，从而形成独立的多层保护体系，尽可能地避免因某一层失效而导致火灾、爆炸等事故发生。保护层模型如图7-4-4所示。

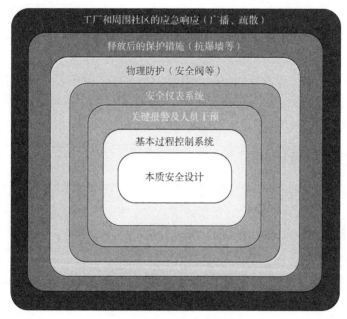

图 7-4-4　保护层模型图

保护层模型共7层，分为过程控制（本质安全设计、基本过程控制系统）、事故防止（关键报警及人员干预、安全仪表系统）和事故减缓（物理防护、释放后的保护措施、工厂和周围社区的应急响应）三大类，用于防止事故的发生或蔓延。从内到外，保护层模型的7层内容具体如下：

（1）本质安全设计。本质安全设计是从根本上消除工艺系统存在的危害，从设备选型上做到本质安全。例如，选择耐负压的储罐防止压力过低发生抽瘪事故，选择合适的泵型防止出口压力过高导致超压事故等。

（2）基本过程控制系统。基本过程控制系统（Basic Process Control System，BPCS）为DCS、PLC等控制系统的统称。基本过程控制系统是根据生产工艺的需要而设置的，将工艺过程参数控制在设定范围内。

（3）关键报警及人员干预。操作人员须对DCS、PLC、GDS等报警做出正确的响应动作，防止产生不良后果。例如，在泵出口压力过高时，DCS、PLC会发出报警信号，操作人员按照操作规程及时处理，避免事故发生。

（4）安全仪表系统。当基本过程控制系统未能将生产过程参数控制在设定值范围内，而导致工艺参数达到安全联锁设定值时，安全仪表系统可按照预先设计的逻辑运算，将装置带回到安全状态。

（5）物理防护。当基本过程控制系统、关键报警及人员干预、安全仪表系统均未能将生产过程置于安全状态时，装置便处于危险状态，此时爆破片、安全阀、放空阀等物理安全保护设施便会派上用场，进行危险削减。

（6）释放后的保护措施。这一保护层是用于事故发生后防止事故蔓延、降低事故后果严重性的措施，如罐区的防火堤、加氢反应车间的抗爆墙、有毒气体泄漏处理系统、消防系统等。

（7）工厂和周围社区的应急响应。在火灾、爆炸等事故发生后，为了避免二次事故及更大范围的人员伤亡，工厂和周围社区需进行消防救援及人员疏散等事故应急措施。

3）保护层分析步骤

保护层分析步骤如图7-4-5所示，虚框中的工作不在保护层分析范围内。

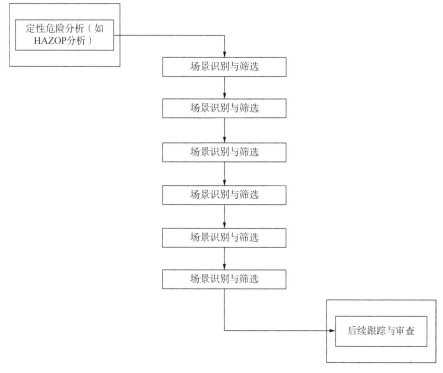

图7-4-5 保护层分析流程图

场景是指可能导致不期望后果的事件或系列事件，每个场景至少包括初始事件和对应后果两个因素，还可能包括使能事件或使能条件、点火概率、人员暴露概率、伤亡概率等。

初始事件（Initial Event，IE）是指导致场景发生的原因。例如，某场景"反应釜夹套蒸汽进料过多，导致温度升高，造成冲料"中初始事件为"DCS温度控制回路失效，蒸汽阀门开度过大"，后果为"温度升高，造成冲料"。

每个场景对应有唯一的初始事件及其对应的后果。若在 HAZOP 分析时，同一偏差引发的多个原因应作为不同的场景分别进行保护层分析。例如反应釜温度过高，除了 DCS 温度控制回路失效外，还可能是"人工操作失误，放料过快"或"电动机故障，停止搅拌"等原因造成的，它们属于不同的场景。

保护层分析内容有一部分源自 HAZOP 分析报告，对应关系见表 7-4-15。确定 HAZOP 分析报告中的"现有保护措施"是否属于独立保护层，还需根据具体场景进行分析，并不是所有安全措施都是独立保护层。

表 7-4-15 保护层分析可与 HAZOP 共用的数据表

保护层分析需要的信息	HAZOP 内的信息
初始事件	引起偏差的原因
后果描述	偏差导致的后果
后果严重性等级	后果严重性等级
独立保护层	现有保护措施

化工装置追求绝对安全是不现实的，只能尽可能地实现相对安全，即消除不可接受的风险。使用保护层分析方法进行 SIL 定级，首先需要计算某场景在没有安全仪表系统保护层保护下后果发生的频率，然后和后果可接受频率进行对比，如果风险发生频率大于风险可接受的频率，则需要设置相应 SIL 级别的安全仪表功能回路，将风险降低到可接受范围内。

在低要求模式下，场景导致后果发生频率计算公式为：

$$f_i^C = f_i^I \times f_i^E \times P_{ig} \times P_{ex} \times P_d \times PFD_{i1} \times PFD_{i2} \times \cdots \times PFD_{ij} \qquad (7-4-2)$$

式中，f_i^C 为初始事件 i 后果 C 的发生频率，次/a；f_i^I 为初始事件 i 的发生频率，次/a；f_i^E 为使能事件或条件发生概率；P_{ig} 为点火概率；P_{ex} 为人员暴露概率；P_d 为人员受伤或死亡概率；PFD_{ij} 为初始事件 i 中第 j 个阻止后果 C 发生的独立保护层的要求时危险失效概率。

对于有中毒事故发生的场景，则不需要考虑点火概率，式(7-4-2)变为：

$$f_i^C = f_i^I \times f_i^E \times P_{ex} \times P_d \times PFD_{i1} \times PFD_{i2} \times \cdots \times PFD_{ij} \qquad (7-4-3)$$

（1）初始事件及频率。

在保护层分析中，人员操作失误、控制回路失效、公用工程失效、手动阀门失效等为常见的初始事件。AQ/T 3054—2015《保护层分析（LOPA）方法应用导则》附录 E 中给出了初始事件的典型频率，见表 7-4-16。

初始事件的失效与企业采购的设备质量、维护情况、运行环境等有很大的关系，因此 AQ/T 3054—2015《保护层分析（LOPA）方法应用导则》给出的是频率范围。在应用到具体项目时，频率范围还需根据项目的实际情况进行细分：在有失效数据库时企业应优先选择企业数据库里的数据；若企业没有建立数据库，可以采用规范中推荐频率范围的中间值；企业也可选取频率最大值，这样在安全完整性等级定级时会得到一个保守的安全完整性等级；企业应避免为了降低安全仪表功能回路的安全完整性等级而选择过低的初始事件失效频率值。

表7-4-16　部分初始事件的典型频率

序号	初始事件	频率范围/(次/a)
1	垫片或填料失效	$10^{-2} \sim 10^{-6}$
2	冷却水失效	$1 \sim 10^{-2}$
3	泵密封失效	$10^{-1} \sim 10^{-2}$
4	基本过程控制系统仪表控制回路失效	$1 \sim 10^{-2}$
5	操作员失效(执行常规程序，假设得到较好的培训，不紧张、不疲劳)	$10^{-1} \sim 10^{-3}$

安全心理学对操作人员的误操作做了很多研究。从以往事故发生的原因来看，人的不稳定因素占据了很大比例。操作人员的状态受到心情、工作环境、疲劳度、抗压能力、经验水平等诸多不可计算因素的影响，因此，选择操作人员失效的频率值应遵循就高不就低的原则。表7-4-16中操作人员的失效频率范围为$10^{-3} \sim 10^{-1}$次/a，一般选择10^{-1}次/a。

表7-4-17为某企业采用的部分初始事件的典型频率。

表7-4-17　某企业采用的部分典型初始事件频率

分类	初始事件	频率/(次/a)
阀门	单向阀卡涩	1×10^{-2}
	单向阀内漏(严重)	1×10^{-5}
	垫圈或填料泄漏	1×10^{-2}
	安全阀误开或严重泄漏	1×10^{-2}
公用工程	冷却水(或冷冻水、循环水等公用工程)失效	1×10^{-2}
	仪表风失效	1×10^{-1}
	氮气(惰性气体)系统失效	1×10^{-1}
操作失误	无压力下的操作失误(常规操作)	1×10^{-1}
	有压力下的操作失误(开停车、报警)	1
机械故障	泵密封失效	1×10^{-1}
	汽轮机驱动的压缩机停转	1
	冷却风扇或扇叶停转	1×10^{-1}
	电动机驱动的泵或压缩机停转	1×10^{-1}
仪表	基本过程控制系统回路失效	1×10^{-1}

（2）使能条件和修正因子。

① 使能条件。

使能条件是初始事件在某个场景中的发生前提，可对场景导致的后果频率进行修正。例如，某场景为"储罐区在倒罐过程中因人员操作失误，导致储罐冒顶发生泄漏，引发火灾"，使能条件为"倒罐作业"，因"倒罐作业"是间歇性操作，存在一定的操作频率。

大部分保护层分析的场景中没有使能条件，需要使用使能条件的情况如下：

a. 特定时间的操作：如间歇性的进料（如 1 个月进料 1 次，则使能条件概率为 0.083）、间歇性的反应釜操作（如 1 年生产 3 个月，则使能条件概率为 0.25）等。

b. 季节性的风险：如因保温伴热不当导致引压管堵塞，一般多发生在冬季（使能条件概率为 0.25）。

c. 生产过程的风险：如某个反应釜是先进行放热反应，后进行蒸馏操作，在放热反应过程中，当冷冻水系统失效则会导致温度飞升；而在蒸馏操作过程中，温度过高则需切断蒸汽，故冷冻水系统在蒸馏操作过程中失效不会引起温度飞升。根据放热反应和蒸馏操作的时间，企业可计算出使能条件概率。

② 修正因子。

修正因子是对场景引发影响后果（如人员伤亡、着火）的概率修正，包括点火概率、人员暴露概率、人员伤亡概率等。如上述的"储罐冒顶发生泄漏引发火灾"，需要考虑发生泄漏后点火的概率、巡检人员在场的概率、在场人员伤亡的概率等因素。

不同的场景根据场景类型、物料理化性质、工况等使用不同的修正因子，其取值范围见表 7-4-18。

表 7-4-18 修正因子取值范围

序号	因子	范围	保守值	推荐值
1	点火概率	0~1	1	0.5
2	人员暴露概率	0~1	1	0.5
3	人员伤亡概率	0~1	1	0.5

因修正因子对安全完整性等级定级结果有一定的影响，故企业可选择表 7-4-18 中修正因子的推荐值，通过使用修正因子使初始事件导致后果发生的频率下降一个数量级。人员暴露概率也可以根据企业实际情况进行计算。

当然，并不是所有场景导致后果发生的频率都要修正。如某场景为"反应器温度过高，导致催化剂失效，造成财产损失 500 万元"，这个后果发生的频率不需要使用点火概率、人员暴露概率、人员伤亡概率等修正因子进行修正。

③ 独立保护层的判断。

独立保护层（Independent Protection Layer，IPL）指能够有效防止事故发生且不受初始事件或其他保护层失效影响的设备、设施或某种功能。图 7-4-4 中的保护层在不同的场景中是否可以确定为独立保护层，是保护层分析的重点之一。

独立保护层需同时具备有效性、独立性和可审查性。

a. 保护层的有效性。

若某保护措施为独立保护层,其必须能有效地防止该场景发生不期望的后果。如某场景为"反应釜内温度过高,造成副反应增加,影响产品质量,造成经济损失100万元",那么可燃气体报警系统、安全阀、抗爆墙等对于这个场景而言均不是有效保护层;又如,某场景"反应釜内温度飞升,造成釜内压力迅速升高,可能引起爆炸",若反应釜内压力飞升极快,安全阀来不及动作,那么安全阀便不是这个场景有效的保护层。

关键报警与人员干预是否能成为有效的保护层,取决于过程安全时间(Process Safety Time,PST)的设定和操作人员在压力下的处理能力。随着自动化控制系统的大范围应用,在DCS上增加信号报警不会额外提高成本,故DCS操作站上的报警信息越来越多,越来越频繁。过多的报警信息对操作人员毫无意义,甚至是一种严重干扰,导致报警信息经常被操作员盲目抑制,造成真正重要的报警极易被忽视。特别是在工艺工况异常波动时,DCS在短时间内即会发生报警泛滥,操作人员根本无力应对——仅靠个人的操作经验进行处置,时常因为重要报警被疏漏而导致事件转化为事故。

近年来,报警管理在大型装置的应用越来越普遍。保护层分析要分析关键报警所对应的过程安全时间是多少。若从DCS检测到工艺参数异常并发出报警到操作人员有效处理完的时间小于过程安全时间,此保护层方可视为有效的保护层。

虽然保护层模型有工厂和周围社区的应急响应,但事故发生以后组织人员疏散、灭火、救援等措施有太多的不确定因素,并不一定能保证其有效性。因此,一般保护层分析并不把工厂和周围社区的应急响应作为独立保护层。

b. 保护层的独立性。

独立性的判断难点主要体现在基本过程控制系统、关键报警和人员干预以及安全仪表系统三个保护层上,这也是保护层分析会议中与会人员争议较多的地方。

在一些场景中,基本过程控制系统的失效是事故发生的初始事件。例如在图7-4-6中,储罐设置液位DCS调节回路LIC-01、液位DCS报警回路LIA-02和液位DCS联锁回路LSA-01。其中一个场景为"LV-01开度过大,导致液位过高,冒顶,可能引起火灾",其初始事件为"LIC-01液位调节回路失效"。那么LIA-02是否可以作为关键报警和人员干预保护层呢?LSA-01液位DCS联锁回路是否可以作为基本过程控制系统保护层呢?

GB/T 32857—2016《保护层分析(LOPA)应用指南》中,对于同一套DCS的多个功能回路作为独立保护层有两种方法。

第一种方法是假设其中一个DCS回路失效,那么信号进入这套DCS的其他回路也均失效,如DCS系统受到电磁干扰或发生控制器死机、电源模块失效等极端情况,当然这些问题出现的概率并不高。这个假设的规则非常明确,对安全完整性等级定级的结果也相对保守。使用这种方法,图7-4-6中液位DCS报警回路LIA-02和液位DCS联锁回路LSA-01均不能作为"LIC-01控制回路失效导致液位过高"这一初始事件引发场景的独立保护层。

第二种方法是假设一个DCS回路失效是因现场仪表或控制阀故障导致的,如仪表显示偏低、取压管堵塞、零点漂移或者阀门卡堵、内漏等，而 DCS 仍能正常工作，因为 DCS 的运行环境、可靠性要高于现场仪表、控制阀。这种方法允许同一个 DCS 中有一个以上的独立保护层。使用这种方法，因为液位计 LT-02、液位开关 LS-01 及液位计 LT-01 均为独立设置，LXV-01 与 LV-01 也是独立设置，当它们不与 LIC-01 控制回路共用信号传输电缆、接线箱时，图 7-4-6 中液位 DCS 报警回路 LIA-02 和液位 DCS 联锁回路 LSA-01 则可以作为"LIC-01 控制回路失效导致液位过高"这一初始事件引发场景的独立保护层。

使用第二种假设方法，当图 7-4-6 中某场景为"液位调节阀 LV-01 卡堵，无法关闭，从而导致液位过高，可能引起火灾"，这时和 LV-01 同处一个控制回路的 LT-01 在 DCS 上的报警也可视为独立保护层。

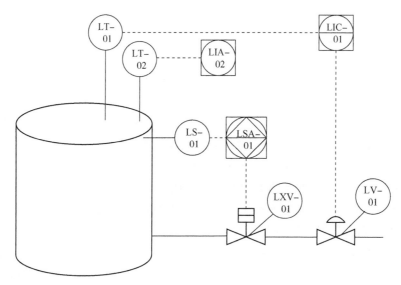

图 7-4-6　储罐 DCS 控制、报警、联锁图(示例)

如果初始事件不是 DCS 控制回路失效，在第一种假设中只有一个 DCS 控制回路可以作为独立保护层，而在第二种假设中允许同一场景中有不超过两个 DCS 控制回路可以作为独立保护层。

在实际保护层分析过程中，笔者推荐采用第一种假设方法，即初始事件是 DCS 控制回路失效，则所有进入该 DCS 的回路均不能作为独立保护层；但当控制回路所在的 DCS 与初始事件的 DCS 完全独立设置时(检测仪表、控制阀、DCS 均独立)，则可作为此初始事件引发场景的独立保护层，但这种情况并不多见。

某些在役装置中存在 DCS 控制和 SIS 联锁共用传感器单元的情况，如图 7-4-7 所示。储罐设置一个远传液位计，信号在机柜间的机柜内采用一进两出式安全栅或信号分配器一分为二——一路信号送给 DCS 进行调节，一路信号送给 SIS 进行联锁。当场景的初始事件为"DCS 液位控制回路 LIC-01 失效"时，SIS 不能作为独立保护层，因为 SIS 联锁回路 LZS-01 与初始事件中的 DCS 控制回路 LIC-01 共用传感器(可能是液位计失效，从而导致 LIC-01 和 LZS-01 同时失效)，故不能作为独立的保护层。

还有一些设计中，DCS 控制和 SIS 联锁共用执行元件，即在调节阀的气源管线上设置电磁阀，SIS 控制电磁阀，DCS 控制阀门定位器，如图 7-4-8 所示。若控制阀 LV-01 阀体或执行机构失效，会同时造成 DCS 控制回路 LIC-01 和 SIS 联锁回路 LZS-01 失效。此时，SIS 也不能作为初始事件为"控制回路 LIC-01 失效"引发场景的独立保护层。

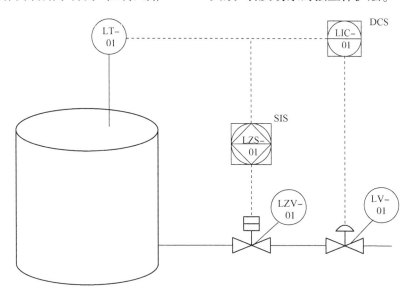

图 7-4-7　储罐 DCS 控制、SIS 报警图（共用传感器）

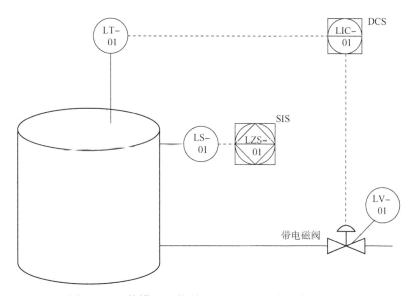

图 7-4-8　储罐 DCS 控制、SIS 联锁图（共用执行单元）

　　c. 可审查性。

　　保护层必须能经审查，如审查其设计、安装、运行、维护等，以确认其能够按照设计阻止场景发生不期望的后果。

　　④ 独立保护层 PFD 值选取。

　　每一种保护层都有一定的失效概率（如安全阀需要动作时没有动作），独立保护层的

PFD 值对 SIL 定级结果有很大的影响。

CB/T 32857—2016《保护层分析（LOPA）应用指南》表 A.8 中给出了典型独立保护层 PFD 值的推荐范围（表 7-4-19），这些值来自文献和工业数据。具体项目在做保护层分析前，需明确各独立保护层的 PFD 值。某企业选择的独立保护层 PFD 值见表 7-4-19 中的"某企业选用 PFD 值"一列。

表 7-4-19 独立保护层 PFD 值

序号	独立保护层		PFD 范围	某企业选用 PFD 值
1	本质安全设计		$1\times10^{-2}\sim1\times10^{-1}$	1×10^{-3}
2	基本过程控制系统		$1\times10^{-1}\sim1$	1×10^{-1}
3	关键报警和人员干预	人员行动，有 10min 的响应时间	$1\times10^{-1}\sim1$	1
		人员对基本过程控制系统指示或报警的响应，有 40min 的响应时间	1×10^{-1}	1×10^{-1}
		人员行动，有 40min 的响应时间	$1\times10^{-2}\sim1\times10^{-1}$	1×10^{-2}
4	安全仪表系统	SIL1 回路	$1\times10^{-2}\sim1\times10^{-1}$	$<1\times10^{-1}$
		SIL2 回路	$1\times10^{-3}\sim1\times10^{-2}$	$<1\times10^{-2}$
		SIL3 回路	$1\times10^{-4}\sim1\times10^{-3}$	$<1\times10^{-3}$
5	物理保护	安全阀	$1\times10^{-5}\sim1\times10^{-1}$	见表 7-4-20
		爆破片	$1\times10^{-5}\sim1\times10^{-1}$	1×10^{-2}
6	释放后的保护措施	防火堤	$1\times10^{-3}\sim1\times10^{-2}$	1×10^{-2}
		地下排污系统	$1\times10^{-3}\sim1\times10^{-2}$	1×10^{-2}
		开式通风口	$1\times10^{-3}\sim1\times10^{-2}$	1×10^{-2}
		耐火材料	$1\times10^{-3}\sim1\times10^{-2}$	1×10^{-2}
		防爆墙（舱）	$1\times10^{-3}\sim1\times10^{-2}$	1×10^{-2}

对于 PFD 值范围过大的独立保护层，如安全阀的 PFD 为 $1\times10^{-5}\sim1\times10^{-1}$，实际应用中可根据具体情况进行细分。例如，表 7-4-20 便是根据实际工况选择合适的 PFD 值参与计算。

表 7-4-20 某企业安全阀的 PFD 值

序号	配置	工况	PFD 范围	某企业选用 PFD 值
1	安全阀	堵塞工况，无吹扫	$1\times10^{-5}\sim1\times10^{-1}$	1
2	安全阀和爆破片组合	堵塞工况，无吹扫		1×10^{-1}
3	安全阀	清洁工况，堵塞工况但有吹扫		1×10^{-2}
4	冗余安全阀	堵塞工况，无吹扫		1
5	冗余安全阀和爆破片组合	堵塞工况，无吹扫		1×10^{-2}
6	冗余安全阀	清洁工况或堵塞工况，有吹扫		1×10^{-3}

⑤ 可接受频率。

对一后果严重性等级的事故，若不同企业可接受事故发生的频率不一样，那么使用保护层分析进行安全完整性等级定级就可能得出不一样的结果。

对于人员伤亡，不同国家的个人风险和社会风险可接受频率值存在差异。个人风险是指因危险化学品生产、储存装置各种潜在的火灾、爆炸、有毒气体泄漏等风险事故造成区域内某一个固定位置人员的个体死亡概率，即单位时间内(一年)的个体死亡率。为避免重大事故造成群死群伤、影响社会稳定，在个人可接受风险频率的基础上，我国引入了社会可接受风险频率。

我国执行的 GB 36894—2018《危险化学品生产装置和储存设施风险基准》中，个人风险可接受频率见表 7-4-21。化工企业逐步往园区转移，化工园区的企业可参考低密度人员场所(三类防护目标)的个人可接受风险值。

表 7-4-21　个人风险可接受频率

防护目标	个人风险可接受频率/(次/a)	
	危险化学品新建、改建、扩建生产装置和储存设施	危险化学品在役生产装置和储存设施
高敏感防护目标	$\leq 3\times 10^{-7}$	$\leq 3\times 10^{-6}$
重要防护目标		
一般防护目标中的一类防护目标		
一般防护目标中的二类防护目标	$\leq 3\times 10^{-6}$	$\leq 1\times 10^{-5}$
一般防护目标中的三类防护目标	$\leq 1\times 10^{-5}$	$\leq 3\times 10^{-5}$

我国社会可接受风险频率如图 7-4-9 所示。

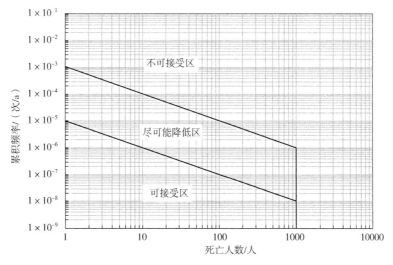

图 7-4-9　我国社会可接受风险频率图

图 7-4-9 中，死亡一人对应的社会可接受频率为 1×10^{-5} 次/a，这与表 7-4-21 相一致；死亡 10 人对应的社会可接受频率为 1×10^{-6} 次/a，死亡 100 人对应的社会可接受频率为 1×10^{-7} 次/a。图中将风险划分为不可接受区、尽可能降低区和可接受区。

a. 不可接受区：对应高风险和重大风险区域。在这个区域内，除非特殊情况，否则风险是不可接受的。

b. 尽可能降低区：对应中风险区域。在这个区域内，必须满足以下条件之一时，风险才是可接受的：

（a）在当前的技术条件下，进一步降低风险是不可行的；

（b）降低风险所需投入的成本远远大于降低风险所获得的收益。

c. 可接受区：对应低风险区域。在这个区域内，剩余风险水平是可忽略的，一般不要求进一步采取措施降低风险。

某企业采取表 7-4-6 的 HAZOP 风险矩阵，根据表 7-4-21 和图 7-4-9 制订了可接受频率的风险矩阵，详见表 7-4-22。其中，后果严重性等级为 5 的事故发生频率小于 1×10^{-5} 次/a 时是可以接受的，事故发生频率为 $1\times10^{-5}\sim1\times10^{-4}$ 次/a 时需要尽可能降低，事故发生频率大于 1×10^{-4} 次/a 时是不可接受的。

表 7-4-22 企业可接受频率风险矩阵（示例）

严重性等级	可接受频率/（次/a）				
	$10^{-6}\sim10^{-5}$	$10^{-5}\sim10^{-4}$	$10^{-4}\sim10^{-3}$	$10^{-2}\sim10^{-1}$	$10^{-1}\sim1$
0	低	低	低	低	低
1	低	低	低	低	低
2	低	低	低	低	中
3	低	低	中	中	高
4	低	低	中	高	重大
5	低	中	高	重大	重大

各企业可能对人员伤亡、财产损失、环境影响、声誉影响的可接受程度不同，故可以根据法律法规及企业自身的接受程度分别制定企业自身的关于人员、财产、环境、声誉等方面的风险矩阵，但不应低于法规的最低要求。

企业也可以采用数值风险法，分别制定对人员伤亡、直接经济损失、停工、环境影响、声誉影响等每年可以接受的发生频率。不同类别的后果可接受的频率可能不同，见表 7-4-23。

⑥ 安全完整性等级的确定。

保护层分析方法用于安全完整性等级定级时，先计算场景除安全仪表系统外在其他独立保护层保护下场景导致事故发生的频率，并与企业可接受的事故发生频率对比。若比企业可接受的频率小，则不需要增设安全仪表功能回路（SIL0）；若比企业可接受的频率大，则需增设相应 SIL 等级要求的安全仪表功能回路作为独立保护层，并对安全仪表功能回路的构成给出建议措施。

表 7-4-23 企业可接受的频率——数值风险法（示例）

严重性等级	可接受频率/（次/a）				
	人员伤亡	直接经济损失	停工	环境影响	声誉影响
0	1	1	1	1	1
1	1×10^{-1}	1×10^{-1}	1×10^{-1}	1×10^{-1}	1×10^{-1}
2	1×10^{-2}	1×10^{-2}	1×10^{-2}	1×10^{-2}	1×10^{-2}
3	1×10^{-4}	1×10^{-3}	1×10^{-3}	1×10^{-4}	1×10^{-4}
4	1×10^{-5}	1×10^{-4}	1×10^{-4}	1×10^{-5}	1×10^{-5}
5	1×10^{-6}	1×10^{-5}	1×10^{-5}	1×10^{-6}	1×10^{-6}

表 7-4-24 是保护层分析记录表的示例，除安全仪表系统外，在其他保护层保护下场景 1 导致人员伤亡事故发生的频率为 3.125×10^{-4} 次/a，人员伤亡后果严重性等级为 5 级，企业可接受的频率为 1×10^{-6} 次/a，差距为 3.2×10^{-3} 次/a，则需增设一个 SIL2 等级的安全仪表功能回路作为独立的保护层。

同理，企业可分别计算直接经济损失、停工、环境影响和声誉影响在没有安全仪表系统保护层保护下事故发生频率与企业可接受频率之间的差值，并确定是否需要增设安全仪表功能回路及如需增设安全仪表功能回路的 SIL 等级。如从环境影响角度来看，场景 1 中需增设一个 SIL1 等级（频率差值为 8×10^{-2} 次/a）的安全仪表功能回路。

最后选择不同事故后果类别中最高的安全完整性等级要求，作为此场景安全仪表系统保护层的安全完整性等级。场景 1 中安全仪表功能回路 PFD 的最大值要求为 3.2×10^{-3}，其对应的安全完整性等级是 SIL2，故场景 1 的安全仪表功能回路定级结果为 SIL2。

在做保护层分析时，可能会有多个场景导致同样后果的情况，对应着 HAZOP 分析中有多种原因导致同一个偏差。如表 7-4-24 中的案例，场景 1"蒸汽进料量过大，导致 R101 反应过快，导致冲料，可能引起火灾"和场景 2"反应过程中搅拌停止，导致 R101 反应过快，导致冲料，可能引起火灾"。

不同场景的初始事件、初始发生概率、修正因子可能不同，对应的独立保护层也可能不同，故每个场景需要单独进行分析。当计算出不同场景需要不同安全完整性等级的安全仪表功能回路时，可取同一偏差下不同场景安全完整性要求最高的值，作为此偏差所需安全仪表功能回路的安全完整性等级。表 7-4-24 中场景 1 需要 SIL2 等级的安全仪表功能回路，场景 2 需要 SIL1 等级的安全仪表功能回路，故 R101 温度过高的安全仪表系统联锁回路安全完整性等级为 SIL2。

表7-4-24 保护层分析记录(示例)

序号	场景	后果类别	后果等级	初始事件描述	初始事件频率/(次/a)	使能必要条件描述	使能必要条件频率/(次/a)	点火概率	人员暴露概率	伤亡概率	独立保护层描述	PFD合计	后果发生频率/(次/a)	后果可接受频率/(次/a)	安全仪表功能回路PFD要求	安全完整性等级需求	需要安全仪表功能描述(安全关键动作)
1	蒸汽进料量过大,导致R101反应过快,导致冲料,可能引起火灾	人员	5	蒸汽调节回路TIC-101故障	$1×10^{-1}$	R101每年生产3个月	0.25	0.5	0.5	0.5	安全阀(堵塞工况,无吹扫)	$1×10^{-1}$	$3.125×10^{-4}$	$1×10^{-6}$	$3.2×10^{-3}$	SIL2	当温度TT-01过高时,联锁关闭蒸汽进、出口阀XZV-01、XZV-02(2oo2),打开冷冻冷水进、出口阀XZV-03、XZV-04(2oo2),执行元件单元整体2oo2
		经济	4					0.5	—	—			$1.25×10^{-3}$	$1×10^{-4}$			
		停工	4					0.5	—	—			$1.25×10^{-3}$	$1×10^{-4}$			
		环境	3					0.5	—	—			$1.25×10^{-3}$	$1×10^{-4}$			
		声誉	4					0.5	0.5	0.5			$3.125×10^{-4}$	$1×10^{-5}$			
2	反应过程中搅拌停止,导致R101反应过快,导致冲料,可能引起火灾	人员	5	搅拌电动机M-101故障	$1×10^{-1}$	R101每年生产3个月	0.25	0.5	0.5	0.5	(1)DCS温度控制回路TIC-101;(2)安全阀(堵塞工况,无吹扫)	$1×10^{-2}$	$3.125×10^{-4}$	$1×10^{-6}$	$3.2×10^{-2}$	SIL1	当温度TT-01过高时,联锁关闭蒸汽进、出口阀XZV-01、XZV-02(2oo2),打开冷冻冷水进、出口阀XZV-03、XZV-04(2oo2),执行元件单元整体2oo2
		经济	4					0.5	—	—			$1.25×10^{-3}$	$1×10^{-4}$			
		停工	4					0.5	—	—			$1.25×10^{-3}$	$1×10^{-4}$			
		环境	3					0.5	—	—			$1.25×10^{-3}$	$1×10^{-4}$			
		声誉	4					0.5	0.5	0.5			$3.125×10^{-4}$	$1×10^{-5}$			

保护层分析每次只针对一个特定的场景，不能反映各种场景之间的相互关系。企业如果将导致同样后果的各场景在没有安全仪表系统保护层保护下的频率求和，再与企业可接受概率对比，那么可能会得到一个较高 SIL 等级要求的安全仪表功能回路。

在多场景计算中，有的企业采取单个场景独立计算，然后选取最高安全完整性等级要求的场景结果作为安全仪表功能回路的安全完整性等级要求；有的企业则将各个场景的后果发生频率相加，然后与企业可接受的事故发生频率进行对比，再计算出安全仪表功能回路的 PFD 值，从而得出安全仪表功能回路的 SIL 等级。这两种方法在会议前由分析小组确定后，在整个项目中保持一致即可。

保护层分析是一个简化的工程应用方法，里面有很多人为定性分析的因素。如初始事件频率、独立保护层的 PFD、修正因子等数值的选择，都会影响安全完整性等级定级的结果。每个模型都基于假设条件，若尝试使用保护层分析方法来"精准"计算事故发生的频率是不太现实的——不仅要收集初始事件、独立保护层的实际失效概率，还要考虑在开停车、检修等过程中的修正因子，同时独立保护层之间还存在一定的共因失效概率。因此，追求保护层分析计算频率结果的"准确与否"意义不大。

实际工程应用中应尽量避免出现 SIL3 等级的安全仪表功能回路。当出现不考虑安全仪表系统保护层的情况时，事故发生的频率与企业可接受频率差值过大时，企业应从工艺、安全等角度重新审视其他保护层是否完整、有效。同时，企业也不能通过提高安全完整性等级来替代其他独立保护层的作用，如通过提高压力容器的压力联锁回路安全完整性等级来取消安全阀是不可取的。安全阀、爆破片、可燃气体报警系统、抗爆墙、防火堤等在不同场合是安全法规、监管文件、标准规范的强制要求，应在满足上述要求后再考虑安全仪表功能回路的安全完整性等级。

行业内还存在如下一些现实问题：有些工艺过程虽然归类在危险工艺范畴内，但其反应过程较为温和，并不会剧烈放热或压力飞升，后果严重性等级较低；有些构成一级、二级重大危险源的罐区因为间歇性操作，在集散控制系统、可燃气体报警系统、防火堤等独立保护层的保护下每年事故发生的频率在企业可接受范围内。有些企业为了避免现场改造、减少投资、损失工时，想通过保护层分析将安全仪表功能回路的安全完整性定级为 SIL0，这样联锁功能可在 DCS 上实现。然而，监管文件中明确要求：涉及重点监管危险工艺及一级、二级重大危险源的项目在安全评估的基础上须设置独立的安全仪表系统。对于上述情况，设计人员首先应满足监管文件的要求，在工艺中设置安全仪表系统，然后再去分析安全仪表功能回路的 SIL 等级。还有些在役装置在补做了保护层分析后，根据分析结果不需要设置安全仪表系统，但实际上已经在安全仪表系统中设置了安全仪表功能回路。针对以上几种情况，SIL 定级为 SIL1 是不合适的，但是定为 SIL0 亦不可。保护层分析方法中没有介于 SIL0 和 SIL1 的安全完整性等级，为了解决工程应用中的问题，IEC 61508-5 中风险图分析方法的 SILA 可供借鉴，如图 7-4-10 所示。SILA 表示安全仪表功能在安全仪表系统内实现，但是对其安全仪表功能回路的 PFD 无要求（无须做 SIL 验证）。

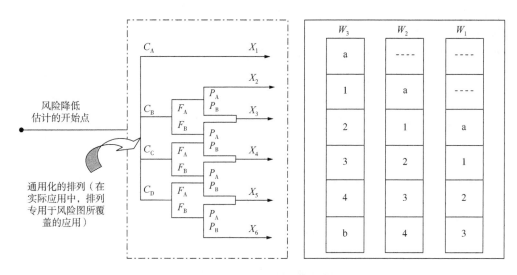

图 7-4-10　风险图法示意图

C—后果参数；F—暴露时间参数；P—避免危险事件的概率；

W—与所考虑的安全仪表功能不存在时的每年发生危险事件的次数；- - - -无安全要求；

a—无特殊安全要求；b—单独一个安全仪表功能是不够的；1，2，3，4—安全完整性等级

在保护层分析报告中要对所有安全仪表功能回路的定级结果做一个汇总，见表 7-4-25。

表 7-4-25　定级结果汇总(示例)

序号	SIF 编号	SIF 名称	SIF 描述	SIL 等级
1	SIF-101	R101 温度过高联锁回路	当反应釜 R101 温度 TT-01 过高时，联锁关闭蒸汽进、出口阀 XZV-01、XZV-02(2oo2)，打开冷冻水进、出口阀 XZV-03、XZV-04(2oo2)——安全关键动作，执行元件单元整体 2oo2，SIL1；打开紧急放空阀 XZV-05(SILA)	SIL1
2	SIF-102	R102 压力过高联锁回路	反应釜 R102 压力 PT-01 过高时，联锁关闭氢气进料阀 XZV-06(1oo1)，打开紧急放空阀 XZV-07(1oo1)——安全关键动作，执行元件单元整体 2oo2，SIL2；关闭蒸汽进、出口阀 XZV-08、XZV-09，打开冷冻水进、出口阀 XZV-10、XZV-11(SILA)	SIL1
3	SIF-103	R101 液位过高联锁回路	当储罐 V101 液位 LT-01 过高时，联锁关闭进料切断阀 XZV-12(SILA)	SILA
4	SIF-104	R102 液位过高联锁回路	—	SIL0

⑦ 安全仪表功能联锁动作的确定。

安全仪表功能回路的联锁动作可以从以下几个方面确定。

a. 工艺包。

在一些炼油或大型化工生产装置的工艺包中，通常会有 SIS 联锁描述、联锁逻辑图或因果表等文件给出相关的联锁要求。

b. 安全法规文件。

涉及重点监管危险的工艺(如加氢、电解、氯化等)，可参考政府安全管理文件的要求，如《国家安全监管总局关于公布首批重点监管的危险化工工艺目录的通知》(安监总管三〔2009〕116 号)、《国家安全监管总局关于公布第二批重点监管危险化学品名录的通知》(安监总管三〔2013〕3 号)等文件。

c. HAZOP 分析报告。

HAZOP 的建议措施中会涉及安全联锁部分，这部分内容可作为安全完整性等级定级时确定安全仪表功能回路执行什么样的安全功能的依据。

d. 工程经验。

对于一些典型设备的联锁，如罐区、燃烧器、压缩机、反应器等，可根据工程经验确定安全仪表功能回路的联锁要求。

⑧ 安全关键动作。

安全联锁动作中能够直接、有效地阻止特定场景不利后果发生的某个或者一系列动作称为安全关键动作。安全关键动作需根据特定场景进行辨识，由工艺专业完成。

以图 7-4-11 为例，反应釜 R101 温度 TZT-101 高高或者压力 PZT-101 高高时，联锁关闭夹套蒸汽进、出口切断阀 XZV-101、XZV-102，打开夹套冷冻水进、出口切断阀 XZV-103、XZV-104，关闭氢气进料切断阀 XZV-105，打开排空切断阀 XZV-106。

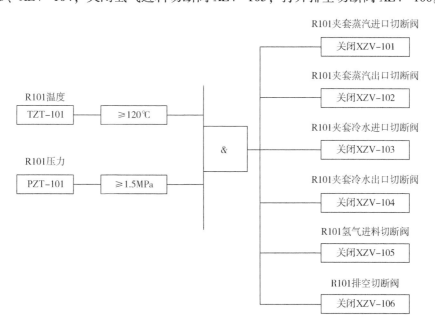

图 7-4-11 联锁逻辑图(示例)

从工艺角度来看，切断反应釜夹套蒸汽进、出口切断阀，打开夹套冷冻水进、出口切断阀，即可控制反应釜的温度，故 R101 的温度联锁回路的安全关键动作是"关闭蒸汽夹套进出口切断阀 XZV-101、XZV-102，打开夹套冷水进、出口切断阀 XZV-103、XZV-104"；当切断氢气进料阀、打开排空切断阀后，反应釜的压力就不会再上升，故 R101 的压力联锁回路的安全关键动作是"关闭氢气进料切断阀 XZV-105，打开排空切断阀 XZV-106"。

对于连续化生产装置，一个偏差可能引起一连串联锁动作。例如，制氢装置中转换炉出口温度高时，联锁关闭循环氢气压缩机，关闭变压吸附装置(PSA)，切断转换炉燃料气、原料气、解析气，切断转换炉锅炉给水，切断进装置天然气，停鼓引风机等。联锁动作一连串，因此保护层分析应明确辨识并标明安全关键动作。

安全完整性等级定级结果针对的是安全关键动作。某安全仪表功能回路的非安全关键动作(或安全辅助动作)也需要在安全仪表系统中实现(这部分安全完整性等级为 SIL-A)，安全仪表功能回路安全完整性等级验证时执行元件子单元中只考虑安全关键动作。

4）保护层分析软件

保护层分析记录表可使用 Word、Excel 等文字处理工具，也可以借助专业的保护层分析软件。保护层分析软件可以减少计算的工作量和错误，提高工作效率，同时能够实现导出报表、汇总安全仪表功能回路等功能。

图 7-4-12 展示了 RiskCloud 5.0 软件保护层分析(LOPA)模块。

图 7-4-12　RiskCloud 5.0 软件 LOPA 模块图

5）保护层分析报告组成

一份完整的保护层分析报告包括但不限于以下内容：

第一章　概述

1.1　术语、定义、缩略语

1.2　项目背景

1.3　保护层分析范围

1.4　保护层分析的依据

包括标准规范、业主提供的资料等；列出所有图纸或文件的编号、图名称、版本号。

第二章 保护层分析方法简介

包括保护层分析概念、目的、步骤、引导词及常用工艺参数、原则、优点、局限性等，以及保护层分析小组的组成要求、职责。

第三章 联锁说明

可描述联锁逻辑图各联锁回路，包括工艺说明。

第四章 本项目保护层分析过程

4.1 分析进度记录

4.2 初始事件频率选择

4.3 独立保护层 PFD 选择

4.4 企业可接受频率

第五章 分析汇总

包括 SIL 定级结果汇总、建议措施汇总。

附录

附录 A 保护层分析记录表

附录 B 联锁逻辑图

附录 C 其他

6) 小结

保护层分析采用量化的方式，建立保护层模型去评估 SIL，相比定性分析仅凭着对装置危险度的直觉进行判断，看起来更"科学"。

尽管保护层分析存在一些主观人为因素等应用局限性，但是通过保护层分析，企业相关人员能够清楚、正确地认识到某场景下哪些保护层能够有效地防止事故的发生和蔓延，以及这些安全措施是否可以将事故发生的概率控制在企业能够接受的范围之内。这两点比最终安全仪表功能定为 SIL1 还是 SIL2 对企业的安全管理来说更有意义。

2. 安全完整性等级（SIL）验证

SIL 验证是在设备采购前，确认安全仪表功能回路的实际配置是否满足 SIL 定级的要求，并根据验证的结果调整设计、采购或工厂安全管理制度。

1) 约束条件

安全仪表功能回路的 SIL 等级取决于结构约束、设备系统性能力和要求时危险失效平均概率 PFD_{avg} 三个因素。

（1）结构约束。

安全仪表功能回路的 SIL 等级首先必须满足回路结构约束，若回路结构约束不满足，即使 PFD 值很低，安全仪表功能回路也不能满足安全完整性等级的要求。结构约束是为了防止有些项目出现仅凭通过调整参数降低 PFD 值来满足 SIL 要求的情况。结构约束即 SIL3 的安全仪表功能回路的传感器单元、逻辑控制器单元和执行元件单元，要满足硬件故障裕度 HFT = 1（2oo3 或 1oo2 等冗余配置）及以上。

SIL3 回路典型的结构约束如图 7-4-13 所示，变送器和切断阀均需冗余配置。该配置是否能够满足 SIL3 要求，还取决于系统性能力和 PFD_{avg} 值。

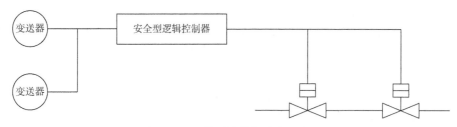

图 7-4-13　典型的结构约束示意图

SIL2 的回路虽然没有 HFT 的约束要求，但考虑仪表会出现零漂、显示偏低、显示偏高等问题，可将传感器单元进行 1oo2 或 2oo3 配置，如图 7-4-14 所示。切断阀因投资、配管等限制，当满足 PFD 要求时可不冗余配置。

图 7-4-14　SIL2 典型 SIF 回路示意图

SIL1 的典型回路如图 7-4-15 所示。实际工程中经常出现一个变送器联锁动作多个切断阀（切断阀之间非冗余表决）的情况，这时需通过 PFD 的计算判断是否满足 SIL1 的要求。

图 7-4-15　SILI 典型 SIF 回路示意图

因 SIL3 回路在石化行业较少使用，故结构约束在绝大部分项目中无须考虑，当使用 SIL3 回路时应重视结构约束。

（2）系统性能力。

系统性能力在 SIL 验证过程中容易被忽略，大部分经过安全功能认证的设备，其系统性能力可以满足 SC2 及以上，可以应用在 SIL2 的安全仪表功能回路中，而 SIL3 的回路中可选用两个 SC2 的异型设备或两个 SC3 的同型设备进行 1oo2 冗余。但在使用没有经过安全功能认证的设备时，系统性能力的评估成了难点。

表 7-4-26 为部分取得安全功能认证的设备在低要求模式下的失效数据。根据失效概率计算硬件部分的平均失效前时间（MTTF），其值大部分在 100 年以上。而基于经验使用的设备，其平均失效前时间往往要小一些，因为包括了硬件失效和系统失效。

表 7-4-26　部分取得安全功能认证的设备（低要求模式）

序号	类型	设备名称型号	λ_{SD}	λ_{SU}	λ_{DD}	λ_{DU}	$MTTF_D/a$	$MTTF_S/a$
1	热电阻	天康 WR 系列	0	0	950	50	114	—
2	压力变送器	罗斯蒙特 3051	0	84	258	32	394	1358
3	质量流量计	高准 5700	0	1072	1940	107	56	106
4	电磁阀	ASCO551	0	178	0	347	329	641
5	气动球阀	川仪 HCP+HA	0	194	0	142	804	588

注：λ_{SD} 为检测出的安全失效概率；λ_{SU} 为未检测出的安全失效概率；λ_{DD} 为检测出的危险失效概率；λ_{DU} 为未检测出的危险失效概率；$MTTF_D$ 为平均危险故障间隔时间；$MTTF_S$ 为平均安全故障间隔时间。

在采购没有经过安全功能认证的设备时，应结合装置实际使用情况，采购质量可靠、性能稳定、成熟应用的产品；验证时，可采用工业数据库中的平均失效前时间参与 PFD 计算。根据使用经验，默认所采用的 MTTF 值已考虑了系统性失效因素，故不再考虑系统性能力的约束。

（3）安全仪表功能回路的 PFD。

安全仪表功能回路要求时的平均失效概率，通过计算所有子单元要求时的平均失效概率之和确定。图 7-4-16 为安全仪表回路的子单元结构。

图 7-4-16　子单元结构示意图

则安全仪表功能回路要求时的平均失效概率为：

$$PFD_{SYS} = PFD_S + PFD_L + PFD_{FE} \qquad (7-4-4)$$

式中，PFD_{SYS} 为 SIF 回路在要求时的平均失效概率；PFD_S 为传感器子单元在要求时的平均失效概率；PFD_L 为逻辑子单元在要求时的平均失效概率；PFD_{FE} 为执行单元子单元在要求时的平均失效概率。

一个子单元有多个设备时，可将它们的失效数据求和后按相应结构进行 PFD 计算，如表 7-4-27 中的案例。压力变送器构成 1oo2 表决结构的传感器子单元中，将压力变送器和安全栅的 λ_{DD} 和 λ_{DU} 求和后再进行 1oo2 结构的 PFD 计算。

表 7-4-27　传感器子单元失效数据表（示例）

序号	设备名称	型号	λ_{SD}	λ_{SU}	λ_{DD}	λ_{DU}
1	压力变送器	3051	0	84	258	32
2	安全栅	5041	42	0	93	34
	传感器单元失效数据小计		42	84	351	66

在计算安全仪表功能回路的失效概率时，企业应首选自己的设备失效数据（来自实际应用中的一手资料）；采购时，企业也要结合自身的应用经验，购买质量可靠的仪表，

但依靠企业整理数据目前来看难度依然很大。其次，企业可以选用第三方机构的安全功能认证报告。该认证报告的优点是数据齐全，但并不一定能够真实地反映设备质量。有些应用上感觉质量一般、价格低廉的设备，其安全功能认证报告的失效数据比普遍认为质量稳定、价格昂贵的设备还要低。在没有自己的数据，也没有第三方安全功能认证报告时，企业可以选用工业数据库中的平均失效前时间，做到有据可依，这么做的缺点是这些数据可能和现场实际的设备差异较大。最后，企业可以选用设备厂家提供的MTTF值。

国内项目普遍采取 SIL3 认证的安全型逻辑控制器(也有部分项目采用 SIL2 的)，其 PFD 值很小(PFD$_L$ 数量级为 $10^{-7} \sim 10^{-5}$)，其数量级和传感器单元、执行元件单元相差很大，基本可以忽略不计，占比最大的是执行元件单元。切断阀的不正确选型和配置在造成SIF 回路 SIL 等级不通过的比例中占据大部分，故 PFD$_{SYS}$ 的计算重点在执行元件单元。

对于涉及人员干预的联锁回路(如急停按钮等)是否需要 SIL 验证，行业内存在不同的看法，有些研究机构试图建立模型对人的失效概率进行评估。从保护层分析的角度来看，人的响应属于关键报警与人员干预，故人的因素不被考虑在 SIL 验证中。

2) 验证流程

SIL 验证可在确定采购意向后实施，此时企业可让意向设备厂商提供相关失效数据，验证通过后即可进行采购；若在采购或者安装调试以后再进行验证，可能会造成返工或者存在"为了通过而通过"的人为调整验证结果的现象。

SIL 验证所需的文件包括 SIL 定级报告、过程安全需求规范(SRS)报告、SIS 设计文件、采购清单、安全功能认证证书等，具体流程如图 7-4-17 所示。

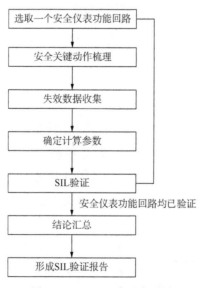

图 7-4-17　SIL 验证流程图

各步骤的内容如下：

(1) 需要验证的 SIF 回路见 SIL 定级报告，回路要求 SIL1 及以上的需要 SIL 验证，

SIL0 和 SILA 的无须验证。

（2）若 SIL 定级报告或 SRS 报告中未识别安全关键动作，还需进行安全关键动作识别，并绘制只包括安全关键动作的安全仪表功能回路联锁逻辑图，并标明各子单元的表决逻辑关系，方便 PFD 的计算。

（3）设备的失效数据若采用企业的经验值或工业数据库的 MTTF 值时，需得到企业许可后方可使用。取得安全功能认证的设备失效数据可向设备厂商索取。

（4）在计算 PFD 前，验证人员还需根据 SRS 报告中的要求确定平均修复时间、有效使用寿命、周期性检验时间间隔、诊断覆盖率等参数。若 SRS 中没有体现这些参数或者无 SRS 报告，验证人员则需和企业进行沟通以确认上述参数。除了上述参数，每个 SIF 回路还要根据回路的配置情况来确定共因失效因子 β。

（5）从结构约束、系统性能力和 PFD 三个角度对安全仪表功能回路进行验证，确定其是否满足 SIL 定级的要求。当 PFD 值和目标有差距时，则需调整回路配置方案或者更换设备。

SIL 验证可以编制 Excel 函数，也可以采用专业的验证软件。图 7-4-18 为歌略 RiskCloud软件验证模块软件画面。

软件采用故障树的算法对 PFD 进行计算，内置常用设备的失效数据，在 SIL 验证过程中可根据项目的设备配置不断地补充失效数据库，可进行同型设备、异型设备、多重表决等安全仪表功能回路 PFD 计算，并可根据计算结果给出修改建议，在所有回路验证完后可自动生成图标、报告。

软件的优势是内置失效数据，能够提高工作效率，减少计算过程中的人为错误；每个项目形成独立的数据库文件，方便后续追溯。但软件终究是应用工具，不是 SIL 验证的必要条件，重要的是掌握 SIL 验证的方法。

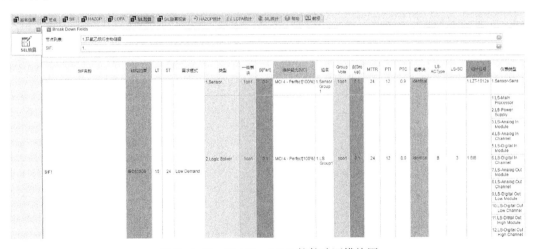

图 7-4-18　RiskCloud 5.0 软件验证模块图

（6）在所有回路验证完后，验证人员可将结果汇总成表（表 7-4-28），对验证不通过的安全仪表功能回路给出相应的整改建议措施。

表 7-4-28　**SIL 验证结果汇总**（示例）

序号	安全仪表功能名称	SIL 要求	HFT 约束	系统性能力要求	PFD_{SYS}	结论
1	V-101 液位高联锁	SIL1	满足	满足	3.8×10^{-2}	通过
2	E-102 压力高联锁	SIL1	满足	满足	2.52×10^{-2}	通过
3	V103 液位低联锁	SIL1	满足	满足	2.76×10^{-2}	通过
4	R-101 温度高联锁	SIL2	满足	满足	8.69×10^{-2}	不通过

（7）SIL 验证报告可包括如下内容：

第一章　概述

1.1　术语、定义、缩略语

1.2　项目背景

1.3　验证范围

1.4　验证依据

包括标准规范、业主提供的资料等；列出所有图纸或文件的编号、图名称、版本号。

1.5　验证计划

第二章　验证方法简介

包括结构约束、系统性能力、PFD 计算方法，以及各计算参数的选择。

第三章　SIL 验证

对每个安全仪表功能回路进行验证。

第四章　结论和建议

附录　设备安全功能认证证书

　　SIL 验证是功能安全管理中验证环节的一部分。近年来，安全监管文件中把 SIL 验证作为装置投产条件或者在役装置复产条件，这有利于促进功能安全管理的完善，但也存在 SIL 验证报告拿到后就被束之高阁，只为应付检查。耗时耗力之后，SIL 验证对安全管理是否起到了应有的作用，值得深思。

参 考 文 献

[1] 潘永湘，杨延西，赵跃．过程控制与自动化仪表[M]．北京：机械工业出版社，2007.

[2] 张根宝．工业自动化仪表与过程控制[M]．西安：西北工业大学出版社，2008.

[3] 李先允．自动控制系统[M].2版．北京：高等教育出版社，2010.

[4] 胡寿松．自动控制原理[M].5版．北京：科学出版社，2007.

[5] 胡寿松．自动控制原理[M].6版．北京：科学出版社，2013.

[6] 王勉华．自动控制原理[M]．北京：煤炭工业出版社，2012.

[7] 孔宪光，殷磊．自动控制原理与技术研究[M]．北京：中国水利水电出版社，2014.

[8] 贺力克．自动控制技术[M]．北京：科学出版社，2009.

[9] 刘太元，俞曼丽，郑利军．安全仪表系统的应用及发展[J]．中国安全科学学报，2008，18（8）：
    89-96.

[10] 赵耀．自动化概论[M].2版．北京：机械工业出版社，2014.

[11] 韩兵．PLC与工控系统安全自动化技术及应用[M]．北京：中国电力出版社，2010.

[12] 张建国．安全仪表系统在过程工业中的应用[M]．北京：中国电力出版社，2010.

[13] 蔡大泉，张晓东，耿建风，等．过程控制系统及工程应用[M]．北京：中国电力出版社，2010.

[14] Paul Gruhn, Harry L Cheddie. 安全仪表系统工程设计与应用[M].2版．张建国，李玉明译．北京：
     中国石化出版社．

[15] 朱东利．SIL定级与验证[M]．北京：中国石化出版社，2020.

[16] 胡寿松．自动化控制原理[M].4版．北京：国防工业出版社，2001.

[17] 蒋慰孙，俞金寿．过程控制工程[M].2版．北京：中国石化出版社，1998.

[18] 梁昭峰，李兵，裴旭东．过程控制工程[M]．北京：北京理工大学出版社，2010.

[19] 陈泮洁，贾鸿莉，于淼，等．自动控制工程设计入门[M]．北京：化学工业出版社，2015.